ANTHROPOLOGIE

MÉMOIRE

SUR

LA VIE DES TISSUS

CHEZ LES ESPÈCES HUMAINES

ET EN PARTICULIER

SUR L'ACTE DE LA DOULEUR

ET

EXPOSITION DES PRINCIPES D'ANATOMIE COMPARÉE DANS LES NOMBRES

Par J.-E. CORNAY,

Docteur en médecine de la Faculté de Paris, Membre correspondant de la Société d'agriculture,
belles-lettres, sciences et arts de Poitiers;
Membre correspondant de la Société des sciences, arts et belles-lettres de Rochefort-sur-Mer
et de la Société des sciences naturelles de la Charente-Inférieure;
Membre correspondant étranger de l'Académie royale des sciences de Lisbonne, dans sa classe des sciences
mathématiques, physiques et naturelles;
Membre correspondant étranger de l'Académie de Philadelphie;
Membre correspondant de la section d'histoire naturelle de la Société du Mont-de-Diou,
et de plusieurs autres Sociétés savantes.

PARIS

J.-B. BAILLIÈRE ET FILS

LIBRAIRES DE L'ACADÉMIE IMPÉRIALE DE MÉDECINE
Rue Hautefeuille, 19.

MAI 1861.

MÉMOIRE

SUR

LA VIE DES TISSUS

CHEZ LES ESPÈCES HUMAINES.

—

MÉMOIRE

sur

LA VIE DES TISSUS

CHEZ LES ESPÈCES HUMAINES

ET EN PARTICULIER

SUR L'ACTE DE LA DOULEUR

ET

EXPOSITION DES PRINCIPES D'ANATOMIE COMPARÉE DANS LES NOMBRES

Par J.-E. CORNAY,

Docteur en médecine de la Faculté de Paris; Membre correspondant de la Société d'agriculture,
belles-lettres, sciences et arts de Poitiers;
Membre correspondant de la Société des sciences, arts et belles-lettres de Rochefort-sur-Mer
et de la Société des sciences naturelles de la Charente-Inférieure;
Membre correspondant étranger de l'Académie royale des sciences de Lisbonne, dans sa classe des sciences
mathématiques, physiques et naturelles;
Membre correspondant étranger de l'Académie de Philadelphie;
Membre correspondant de la section d'histoire naturelle de la Société du Musée de Douai;
et de plusieurs autres Sociétés savantes.

PARIS

J.-B. BAILLIÈRE ET FILS

LIBRAIRES DE L'ACADÉMIE IMPÉRIALE DE MÉDECINE

Rue Hautefeuille, 19.

MAI 1864.

ACADÉMIE NATIONALE AGRICOLE, etc.

A MONSIEUR LE DOCTEUR CORNAY.

Paris, le 9 mai 1864.

Monsieur et cher Collègue,

Sur la proposition de son comité des récompenses, l'Académie nationale agricole, etc., vient de vous voter son DIPLOME D'HONNEUR. Cette distinction sera proclamée, dans son assemblée générale annuelle, à la salle Saint-Jean de l'hôtel de ville de Paris, le mercredi 25 mai 1864.

Recevez, Monsieur et cher Collègue, avec nos sincères félicitations, la nouvelle assurance de notre considération la plus distinguée.

  Pour le conseil supérieur et par décision du comité des récompenses :

Le Directeur,	Le Président,
AYMAR-BRESSION.	Comte de VIGNERAL.

LETTRE DE REMERCIMENT DE M. CORNAY

A L'ACADÉMIE NATIONALE AGRICOLE, etc.

Depuis dix-huit ans que nous offrons nos travaux à l'Académie nationale, son comité des récompenses nous a successivement surpris par la gratification de deux médailles de première classe. Nous étions bien loin de nous attendre à la nouvelle et dernière faveur qu'il vient de nous accorder, sans doute, pour nos travaux, savoir :

1° La coloration des œufs des oiseaux et des parties organiques;

2° La reconstruction du cheval sauvage primitif et la restauration des races régionales;

3° L'exposition de la loi divine d'harmonie;

4° L'unité de spécialité des espèces humaines;

5° Le métisme animal et l'exposition des principes de physiométrie générale;

6° La table numérique de la genèse matériale.

Nous saisissons avec plaisir l'occasion de la publication de ce mémoire sur la vie des tissus, l'acte de la douleur et l'exposition des principes d'anatomie comparée dans les nombres, pour exprimer officiellement notre contentement à l'Académie nationale de nous avoir doté de sa plus haute distinction, dont nous conserverons toujours un bon et doux souvenir.

Qu'elle reçoive donc un remerciment de cœur, trop faible marque de reconnaissance qui s'unit en nous aux sentiments les plus affectueux pour ses pairs.

Paris, le 15 mai 1864.

J.-E. CORNAY

AUX PHYSIOLOGISTES DE L'IDÉE.

Vous qui vivez avec nous dans les doux liens de la loi spirituelle de l'amitié, nous vous l'exposons en conscience, l'école nouvelle ne saurait s'établir par deux moyens : quelques personnes seraient peut-être portées à croire, ayant, comme nous, du respect pour tout le monde, que l'école pourrait ressortir de la communion des principes spéciaux (1) ou autres des savants de tous les pays, c'est là une grave erreur ; car dans ce rhabillage, elle ne serait pas encyclopédique dans l'unité de la vérité légale ; elle n'aurait aucune force, aucun caractère propres par l'association de principes contraires ou diffus, issus en totalité du naturalisme ou de spiritualismes sans loi, et l'idée alors (2) s'endormirait dans le livre comme une morte dans son linceul !

L'école religieuse, c'est-à-dire reposant sur la loi de la genèse, doit avoir un centre de vie, et ce centre est naturellement le lieu de son évolution.

Nous avons eu le bonheur de rattacher la physiologie

(1) Les travaux spéciaux sont très-importants pour la science en général, mais les principes naturalistes sont inutiles à l'école légale, l'idée divine, la loi n'aimant pas les mélanges, n'aimant pas le métisme.

(2) L'idée linnéenne est morte parce qu'elle était de volonté humaine.

et les sciences qui en découlent aux mathématiques, par les nombres que nous avons découverts chez les espèces, et au spiritualisme par l'esprit même de la loi d'harmonie que le créateur, quel qu'il soit, a offert dans la genèse.

Nous avons mis au jour tous les éléments de l'école spiritualiste, nous avons dégagé de la matière ses bases inébranlables dans leur légalité, nous les avons exposées à tous les regards sous leurs aspects divers.

L'école religieuse est donc née dans notre pays, la France l'adopte désormais ; elle en fera connaître le but moral, elle en répandra les vrais, nobles et utiles principes.

L'école française est même déjà pubère, elle a ses lois et ses lois sont divines. Elle grandira jusqu'à la lumière ; mais sa vie fortifiante peut, dès à présent, s'irradier en tous lieux, en portant la vérité aux lettrés de tous les peuples.

L'avenir de la science qui dénonce celui de l'homme repose uniquement sur le spiritualisme.

La philosophie, l'amour de la sagesse légale, nous le dit, ainsi que ta généralisation grandiose, ô nature encore inconnue ! Toi, qui commences à Dieu pour le démontrer sans cesse, jusqu'à la terminaison visible de ses ouvrages, n'es-tu pas le vaste temple des libertés universelles sorties d'une même loi de justice, qui embrasse dans un immuable et spirituel tableau toutes les règles, tous les effets, toutes les dispositions, tous les rapports, tous les buts ?

Le monde, qui paraît sans bornes, semble être ton œuvre dans ses productions innombrables ; l'homme aussi semble t'appartenir, ainsi que l'univers céleste ;

mais c'est que tu reçois tes puissances génératrice, conservatrice et destructrice de la substance principe spirituelle, par l'esprit de sa loi féconde !

Aussi l'harmonie que tu exposes, en ces rapports fixes et divers, répartis en équations proportionnelles chez les êtres en foule, offre une si grande magnificence, que l'immense étendue de tes groupes d'astres, de tes produits, de tes générations, de tes reproductions, de tes relations, est toute pleine de la splendeur des vues divines !

Tout s'enchaîne en ton sein, de la vie infime à la vie puissante, tout se crée, vit, meurt ou se détruit, se reproduit (1), fonctionne, s'agite et transmigre, avec un ordre parfait, dans la sage et éternelle loi de Dieu !

Des rayons fluides de la matière aux corps simples, que de progressions d'existences certaines, que de spécialités, que de spécificités ignorées !

De la cellule, de la fibre, du tissu organiques à l'homme animal, que de proportions de composants incalculées, que de mystérieuses progressions !

Leur temps viendra pour la science, car dans ton sanctuaire il n'est pas d'être qui n'ait ses propriétés particulières, et les chiffres qui expriment les Nombres légaux dévoileront tous les mystères !

(1) M. Flourens, après avoir étudié la vie de fonction des périostes externe et interne, par une déduction pleine de sagacité et des expériences que tous les savants apprécient, est arrivé à démontrer que la reconstitution des os peut se faire, et qu'elle se fait proportionnellement à l'ampleur de la partie de a membrane périoste détachée de l'os malade, à l'aide du scalpel, et conservée dans son union externe avec les autres tissus. La chirurgie a donc à sa disposition cette importante application physiologique, dont on prévoit l'avenir tout en admirant la richesse des résultats.

1.

L'homme connaîtra tous les mystères ! N'a-t-il pas reçu de l'unique et libérale loi les dons les plus précieux ?

C'est un esprit perfectible de sagesse jusqu'à l'universalité, c'est une intelligence qui peut, par les études collectives, devenir aussi vaste que les divines conceptions qu'il a sous ses regards ;

C'est un appareil d'impression, de perception, de réflexion, de jugement, d'abstraction des êtres, de mémoire, de calcul ;

C'est l'exécution des projets, c'est la parole, la main, l'enregistrement, les relations, la raison qui le met en garde contre ses idées, ses sentiments exagérés et ses intincts animaux (1).

C'est une colonne vertébrale, dont les quatre courbures cervicale, dorsale, lombaire et sacrée lui facilitent la station bipède, sur des membres incomparables, et le font tenir debout pour explorer les merveilles de la terre et ces mystérieuses associations des sphères célestes, groupées en équations complexes, nées de cette légitime loi, cette loi des Nombres, loi divine, qui a fait l'homme l'être animé le plus parfait, en ce qu'elle lui a donné la faculté de grandir, la conscience de sa dignité, de la dignité de son âme, du nombre de ses espèces différentes, de sa spécialité, de son utilité, de son but symbolique des harmonies spirituelles qu'il représente ; qui l'a pourvu de cette intelligence, dont

(1) A l'effet de bien faire apprécier la haute importance du squelette, pour notre travail, nous dirons qu'il constitue, par lui-même, le monument architectonique de l'homme et des animaux. Sans son squelette, l'homme serait par ses chairs seules, une sorte de polype composé, et véritablement les espèces descendent jusqu'au polype par les dégradations et les modifications du squelette.

l'ampleur l'élève au-dessus des animaux, par un libre arbitre qui lui indique qu'il peut trouver la liberté dans ses stases, par la loi même dans laquelle il fut conçu.

Oui, voilà ce qui nous a fait dire: que tout avenir de l'homme repose sur le spiritualisme, par la loi de la genèse;

Que l'homme est appelé à grandir spirituellement dans l'universalité, comme dans la vie relative organisée;

Que dans la vie présente, il serait bien qu'il évitât de faire fausse route dans l'arbitraire, pour obtenir le plus tôt possible la science, car la science est la connaissance des applications de la loi.

Il faut qu'il marche en avant à l'aide de la loi, et qu'il perfectionne sans cesse et toujours ses vues, ses aperçus, par la loi.

Qu'il sache donc que, pour arriver à connaître *sa vie cosmique*, qui ne peut s'arrêter à la terre, sa vie cosmique ou universelle dans l'immensité de l'être, la vie présente de tout ce qu'il a sous les yeux, doit être sue intégralement, et pour cela sa seule boussole est la délicieuse et spirituelle lumière de la véritable loi de la genèse qui vient de l'être universel!

Alors, seulement, il pourra régulariser sa vie présente, dans sa durée relative, par la liberté légale qui le conduira à l'esprit quel qu'il soit!

L'école religieuse est créée, mais elle n'est pas proclamée; qui donc la dénoncera, la déclarera officiellement, avec toute la solennité qu'elle demande par l'ensemble de sa majestueuse portée, afin, que les savants de tous les peuples s'y précipitent en foule ?

Un seul homme, un seul nous paraît posséder assez de force morale pour la proclamer publiquement ; un seul peut le faire, un seul peut en pondérer les moyens par ses hautes connaissances : c'est celui qui s'est illustré par une suite de grandes œuvres, c'est l'infatigable travailleur, c'est le savant physiologiste, aux œuvres remplies de poésie, le sage biographe des hauts savants, c'est le héros de nos écrits, celui dont les travaux profonds nous ont inspiré depuis la jeunesse, il se révélera seul au jour marqué, sans doute !

Il entendra notre voix amie et notre cri d'appel ; il proclamera l'école légale sur les ruines éparses du méthodisme ; il annoncera, dans son digne désintéressement, que l'école française est faite spiritualiste par la découverte de la loi de la genèse, et qu'elle va rétablir l'ordre et la vie régulière dans l'idée légale abandonnée jusqu'à présent à l'arbitraire, à l'erreur, à la confusion dans le bon plaisir des méthodes humaines.

Au jour dit, celui qui s'est montré le plus intelligent de notre époque scientifique, et dont l'autorité de sagesse est la plus grande, ne fera pas défaut à l'idée, ne fera pas défaut à la plus haute mission qu'un homme ait jamais eu à remplir depuis Moïse !

MÉMOIRE

SUR

LA VIE DES TISSUS

CHEZ LES ESPÈCES HUMAINES

ET EN PARTICULIER

SUR L'ACTE DE LA DOULEUR

ET

EXPOSITION DES PRINCIPES D'ANATOMIE COMPARÉE DANS LES NOMBRES.

> Ce mémoire ouvre la grande époque de
> l'Anatomie comparée dans les nombres;
> l'Anatomie devient mathématique; les sys-
> tèmes organiques analogues de l'homme
> et des animaux, comparés dans leurs
> formes, vont l'être maintenant dans leurs
> nombres-forces constituants.

Qu'est-ce que la vie?

Astre nourricier, bienfaisant soleil, toi qui projettes ta lumière fécondante sur cette terre, où nous écrivons cette œuvre à ta sublime clarté, que ta force active réchauffe nos pensées lentes de ses feux! Et si jamais nous avions quelque tendance à l'imagination, que ta riche substance, dont chacun des rayons passifs accompagne chacun des rayons actifs de ton principe comme une épouse, vienne calmer les émotions trop vives de notre âme de ses

facultés tempérantes! N'es-tu pas la source de la vie régu
lière organisée de ce globe où les êtres se reproduisent,
naissent, se cristallisent, végètent, s'animalisent, s'ani-
ment, pensent, fonctionnent, s'agitent et se détruisent à
des époques fixes d'évolution, dans les réactions de tes
forces, en elles-mêmes pondérées et légalisées dans la
loi magique de l'harmonie, cette loi des Nombres, de la
nature qui sans toi serait plongée dans les ténèbres et la
mort? N'es-tu pas l'interprète de la loi divine, puisque les
êtres ne peuvent se reproduire, naître et vivre sans tes
forces dont ils sont pénétrés et composés ?

Il fallait dire cela, nous l'avons dit: car l'équation et la
présence des forces active et passive sont tout, partout !

L'entrainement matérialiste a produit l'idée de génération spontanée et celle de la Matière-Dieu: il a fait
adorer des hommes, des monstres, des idoles, des pierres,
des animaux, des esprits, des astres; le soleil fut aussi
dieu !

L'entrainement spiritualiste a créé l'enfer, le diable
personnifié, son atelier et ses outils, le paganisme spiritualiste, ce qui a donné très-beau jeu au matérialisme
essentiel qui, partant le plus souvent de lois physiques
humaines comme base de doctrine, semblait parfaitement
logique ; seulement, il avait la logique dans l'arbitraire de
lois créées par l'homme.

Jusqu'à présent nous avons eu un spiritualisme idéal,
n'ayant que des aspirations discutées, et par là n'offrant
aucune loi et aucune boussole à l'humanité attentive !

Le spiritualisme flottait incertain dans l'intuition de
mystérieuses vérités, défigurées par les époques, vivant
de sentiment, d'exaltation, de craintes, de punitions ; se
reposant sur des facultés inconnues, des sensations, des
terreurs, des erreurs, des visions, des miracles, au milieu

de la plus profonde corruption des faits, des actes, des vérités supérieures; attachant les esprits faibles, par la conception des tortures, à l'adoration de ses sectateurs et de ses images remplies d'insignifiantes idolâtries. Voilà ce que nous a laissé l'antiquité ! L'esprit humain disparut sous le voile de la compression de l'idée, et les hommes d'intelligence ne surent plus que penser !

C'était la base qui manquait au spiritualisme, c'était la loi de la genèse ; cette loi ne faisait certainement pas défaut au spiritualisme de l'école juive primitive, mais cette loi s'est perdue dans les époques guerrières, barbares et égoïstes !

Les écoles de l'antiquité ont assurément connu la loi de la genèse, mais elles ont été assez cruelles, dans leur esprit exclusif de caste, pour ne pas la rendre publique et nous la transmettre ; elles ne nous ont laissé que ses interprétations vulgaire ou poétique, qui furent même défigurées par les copistes.

Tout indique que les Juifs de l'école primitive, ainsi que les Égyptiens et les Assyriens peut-être, connaissaient les lois naturelles ; car la Bible parle des Nombres, de l'arche de Noé, qui est *l'arche symbolique* ou *l'équation de la génération* par mâle et femelle ; de *l'arbre de science* qui offre l'ensemble des Nombres-Forces constituants de tous les êtres à la genèse ; de *l'arbre de vie* ou des durées des êtres dans la nature et en dehors de la nature ; c'est pour nous la liste des durées vitales des êtres dans les stases, connaissance supérieure qui conduit du déterminé à la spiritualité, et de la spiritualité par l'immortalité de l'âme au *sum qui sum*.

Pour ceux qui voudront demeurer terre à terre, ce que nous venons de dire sera de l'idéalité. Ce serait un grand tort de prendre ces connaissances pour de l'idéalité, et l'homme doit faire tout son possible pour arriver à connaître ces différents faits: nous les connaîtrons.

Les vrais philosophes admettront avec nous que les anciens prêtres, en écrivant la Bible, n'avaient aucune idée de faire du Roman pour du Roman ; on sait qu'ils conservaient pour eux l'interprétation scientifique des textes, et qu'ils livraient aux profanes les interprétations poétique et vulgaire : voilà leur faute relativement à nous.

Dans l'antiquité la science a été profonde chez les prêtres: la conception de la Bible et *surtout de la Genèse*, même telle qu'elle est, et les *monuments symboliques* qu'ils nous ont laissés le démontrent suffisamment.

Leurs idées-mères ayant un peu transpiré, sous le voile qui les cachait, on a vu naître, sous l'empereur Adrien, ces écoles Basilidiennes qui n'étaient, dans leur doctrine, qu'un mélange de spiritualisme et d'affreux paganisme, comme le prouvent leurs Abraxas et ces images bizarres qu'elles faisaient adorer par la multitude.

L'homme ayant en lui le sentiment de la vénération, la multitude est toujours prête à adorer quoi que ce soit : on lui ferait adorer les instruments de la torture !

Quels sont donc les coupables, si alors l'esprit déchu de l'homme tend ainsi à le faire revenir à l'état sauvage et à l'emploi des amulettes et des sorcelleries, etc., à lui faire commettre des crimes contre Dieu et ses semblables puisque l'ignorance peut tout?

Nous avons parlé de l'immortalité de l'âme : eh bien, comment avoir la certitude de l'immortalité de l'âme, qui est la perpétuité de l'âme à travers toutes les stases et dans toutes les stases, si l'on ignore la loi d'harmonie? Sans la loi on ne peut écouter que son désir de ne pas voir tout finir à la mort de l'homme organisé; sans la loi, l'idée de spiritualité reste alors intuitive et non cerlaine, expliquée, démontrée, et l'on doit bien penser que l'immortalité découle de la spiritualité.

Pour connaître l'immortalité de l'âme, il faut expliquer et comprendre l'homme et les fractions matériales, végétales et animales; connaître les stases, les filiations, les durées vitales déterminées et spirituelles; il faut savoir la vie présente pour acquérir des notions sur la vie future spirituelle, et l'on peut bien dire aussi, pour se rendre compte de la vie passée, tel on naît, tel on a été ; on doit dire aussi : tel on meurt, tel on sera ; mais cette déduction vraie n'est pas suffisante à expliquer la filiation humaine dans l'universalité. On doit donc partir de la connaissance exacte de la vie présente de tous les êtres pour juger la vie future exactement, et les faits qui s'offrent à l'esprit, pour y parvenir, sont d'acquérir les connaissances supérieures de *l'arbre de science* et de *l'arbre de vie* ou des durées vitales dans les stases, et la loi, d'accord entre les stases, qui est la multiplication ou la division par 3 du nombre de chaque stase pour tous les êtres : la trinité spirituelle multiplie ou divise tout !

Les matérialistes ont admis plusieurs systèmes pour expliquer la vie, mais deux de leurs doctrines dominent les autres, les voici :

Ou la vie humaine se termine à la mort et tout est fini pour l'individu qui rentre, se débarrassant de son individualité égoïste, dans le grand tout des matériaux, comme l'expose si bien Mme Deshoulières dans son idylle intitulée : *les Fleurs;*

Ou la vie humaine est un circulus brutal et théâtral de l'homme aux animaux et des animaux à l'homme, qui s'accomplit incessamment sur le sol même de la terre. Ici l'âme est du feu, elle est matérielle, déterminée, voilà la métempsycose de Pythagore ; dans l'idée vulgaire de la Bible, le soufle de vie est aussi matériel.

Déjà le second système se rapproche beaucoup du spiritualisme essentiel : on y voit poindre l'âme enfin, sous une forme déterminée, mais la loi manque.

Il faut bien comprendre que le spiritualisme ne peut exister sans l'*âme spirituelle*, d'où découle l'immortalité de l'âme, qu'elle se perfectionne ou qu'elle se dégrade dans l'universalité. Mais n'attaquons pas cette dernière question, réservons-la.

Toute la vie déterminée et toute la vie spirituelle tiennent alors dans le spiritualisme, à la filiation de l'âme dans les durées déterminées et spirituelle légalisées dans les Nombres.

Il faut se rappeler qu'un être légal n'est pas un métis, n'est pas un vice d'état, au physique ; qu'un être légal a ses mœurs fixes, proportionnelles et progressionnelles comme son Nombre-Forces constituant, — et non point des mœurs intercurrentes et vicieuses par rapport à son espèce.

Cela fait comprendre que tout être illégal au physique et au spirituel est sans avenir, que ses éléments doivent être restitués aux êtres légaux auxquels il les a empruntés ; dans une génération intercurrente, certainement la loi n'admet pas le vice équationnel, pas plus dans l'âme que dans le corps ; en cela la volonté humaine n'est rien, ne peut rien influencer. La *volonté humaine insurgée* contre la loi divine n'est rien, car au milieu des prières, des supplications, des amours-propres roides, des égoïsmes, des cris, des imprécations, du je ne veux pas mourir, la loi divine de la mort s'accomplit à heure fixe suivant les causes, ou cause finale ou causes accidentelles et intercurrentes.

La volonté humaine, qui n'agit pas dans la loi de la

nature pour la partie organique comme pour la partie spirituelle, va à l'illégalité des deux côtés, et les besoins, les habitudes, le laisser-faire, le *statu quo*, sur lesquels elle s'appuie quelquefois, sont illusoires.

La volonté humaine, insurgée contre la loi divine, est le *nahast* de Moïse, l'esprit rebelle ; c'est le *diable* de quelques écoles anciennes, qui ont eu le tort de personnifier la volonté humaine rebelle à la loi et méchante, car le diable personnifié (1) n'a point avancé la question scientifique, et la frayeur que cette personnification idéale et dégoûtante a inspiré pendant de longs siècles, a été un moyen malheureux, inutile et faux de direction ; il a fait naître des idées mensongères chez l'homme, tout en étant pour beaucoup de chefs religieux un instrument de pression et de domination cruelles.

Mais laissons ces explications de côté et revenons à la vie déterminée.

Deux grands *facteurs collectifs* se partagent la vie générale et particulière : c'est le *principe actif* et le *principe passif*, sortis ensemble de l'essence divine avec la loi d'harmonie qui les distribue. Ils constituèrent par équations de quantités tous les êtres, de ceux que nous nommons éléments, jusqu'aux espèces organisées, jusqu'à l'homme même.

Depuis la matière, leur première détermination, jusqu'à l'homme ; la vie déterminée est une suite d'équations doubles des accords d'harmonie de ces deux facteurs que nous appelons force active et force passive, par transposition du premier terme au troisième, par transposition de la stase spirituelle à la stase des forces.

---

(1) Les revenants, les esprits frappeurs, les spirits et le diable sont bons à mettre au panier.

Parce que c'est à l'état d'électricité, de lumière et de calorique, pour la force active, et à l'état de fluides, non électriques, obscurs, et non chauds pour la force passive, qu'ils se révèlent d'abord à nos trop faibles sens.

Bien qu'ils naissent ensemble, à la stase spirituelle, après leur séparation commune des accords divins d'harmonie, qu'ils passent ensemble par la stase de la matière, leur première détermination, pour arriver ensemble encore à la stase des forces.

Si notre esprit, par le calcul légal, conçoit leurs stases matérielle et spirituelle, nos sens ne les perçoivent que dans leur stase des forces.

C'est donc, pour nous, des équations de la force active et de la force passive, que naît la vie déterminée dans les nombres, en gaz, liquides, cristaux, végétaux et animaux, quoique la vie organisée découle, par équations doubles, successives, de six degrés, de la vie spirituelle ; comme la vie spirituelle se rétablit par transformations successives, des équations déterminées des six degrés en équations spirituelles.

Une loi arbitraire dans la science est comme une épine plantée dans la chair ; ici rien ne souffre, c'est bien l'exposition de la loi.

Voilà réellement la vie, et comme chaque équation déterminée et chaque équation spirituelle a sa durée légale dans les stases, il est utile de connaitre la *durée légale* des êtres dans chaque *stase équationnelle, pour comprendre la vie dans l'universalité.*

Qu'est-ce donc que *la vie individuelle ?*

Mais c'est l'exercice des diverses fonctions et des divers rapports organiques et spirituels d'un être équationnel en son âme et son corps, dans la durée légale de ses stases, ou dans la durée restreinte de ses stases, durée qui est restreinte alors par causes intercurrentes et accidentelles.

Qu'est-ce donc que *la vie générale ?*

C'est la même chose pour l'ensemble de tous les êtres que pour un seul être.

La vie générale est l'exercice des diverses fonctions et des divers rapports organiques, physiques et spirituels des êtres équationnels en leur âme et leur corps dans la durée légale de leurs stases réciproques.

Comme les durées vitales sont proportionnelles aux êtres, pour connaître la vie générale il est donc utile de savoir les durées vitales des êtres dans leurs stases ; pour cela, l'arbre de science qui est la connaissance des Nombres-Forces constituant des êtres, conduit à l'arbre de vie ou des nombres, des durées vitales des êtres.

On voit bien, maintenant, que les anciens qui nous ont livré l'interprétation poétique de leurs travaux, dans l'exposition du paradis terrestre, étaient fort savants et qu'ils devaient connaître *la filiation de l'âme humaine* dans les durées des stases, puisqu'ils ont parlé des arbres de science et de vie.

Nous avons dit que les *Nombres-Forces* constituants des animaux étaient *fractionnaires* de celui de l'homme. Nous ajoutons qu'une certaine quantité de ces Nombres-Forces sont le Nombre-Forces de l'homme, plus une fraction ; celui de l'éléphant en est un exemple.

Le Nombre-Forces, de l'homme est entier comme point de départ. Les Nombres-Forces qui représentent la constitution des animaux, etc., sont au-dessous ou au-dessus. Ceci est une bien grande connaissance.

Le Nombre-Forces qui représente les accords constituants de l'homme, est le nombre équationnel de l'arbre de science, comme le Nombre-Durée, qui représente la durée de la vie humaine, est le nombre équationnel de l'arbre de vie ; ces deux Nombres-Forces et Durée sont les nœuds vitaux de ces deux arbres numériques qui expriment toutes les forces et·fractions de forces accordées à la genèse.

La science sera bien avancée lorsque ces arbres de science et de vie, qui sont à établir, seront connus ! Nous ne pensons pas qu'ils aient jamais été calculés. Les prêtres pharaonniens se sont tus, Moïse seul a parlé. Il était né sans doute avec les éléments propres à la plus noble liberté ; ce que les prêtres d'Égypte n'aimaient pas beaucoup ! Mais il a parlé de ces arbres que comme aspiration, comme conception, au milieu de cette barbarie des peuples. Les avait-il chiffrés ? nous l'ignorons, car le seul document que nous ayons de ces arbres de science et de vie, c'est ce qu'il dit dans sa version du paradis terrestre de sa *Genèse*, chap. ii, vers. 9 :

« Le Seigneur Dieu avait aussi produit de la terre toutes sortes d'arbres beaux à la vue et dont le fruit était agréable au goût, et *l'arbre de vie au milieu* du paradis, avec *l'arbre de science* du bien et du mal. »

Du bien et du mal : En effet, l'arbre de science fait tout connaître.

Si les anciens prêtres ne les avaient pas établis par le calcul, peut-être avaient-ils pensé que des savants pourraient plus tard y parvenir en établissant pour l'arbre de science : la liste des Nombres–Forces ou des nombres représentant les accords constituants et formateurs des êtres, celui de l'homme étant le point de départ ; pour l'arbre de vie : la liste des nombres représentant toutes les durées vitales des êtres dans les stases. Le nombre de la durée vitale, donne la vie circulaire en multipliant par 3 le nombre de vie, d'un être quel qu'il soit, et l'on obtient le nombre d'années de vie individuelle en divisant le nombre de vie circulaire par **3**. C'est ainsi que l'on peut se rendre compte de la vie des planètes, mais le calcul est assez compliqué, parce qu'il faut tenir compte de plusieurs éléments, tels que la relation de la grosseur de la planète au circuit. D'ailleurs, qu'est-ce que le circuit? C'est très-difficile ! mais on peut y arriver, on y arrivera pour toutes les planètes. La clef est tout, nous en savons quelque chose.

Le soleil et les astres nous envoient des forces chaudes, lumineuses, électriques., froides, obscures, non électriques. Ce fait incontestable nous prouve la transmigration des forces dans la nature, et comme les forces ne sont forces que par leur matière et ce qui constitue la matière, *les accords simples ou spirituels*, il est aussi incontestable qu'il y a transmigration des âmes spirituelles ; la vie spirituelle existe aussi vraie que la loi d'harmonie est.

L'immortalité de l'âme est la raison même de l'existence de l'âme, de la vie spirituelle à la vie organisée, et de l'existence de l'âme de la vie organisée à la vie spirituelle de l'homme.

Il ne faut pas confondre la vie spirituelle avec l'immortalité de l'âme, car l'immortalité de l'âme se déduit des deux vies déterminée et spirituelle, et l'ensemble des deux vies fait concevoir *l'éternité*.

L'individu organisé meurt, l'âme spirituelle ne meurt pas ; elle se dégrade ou se perfectionne dans la stase organisée ; la forme suit cette dégradation ou ce perfectionnement.

Nous n'arrivons pas tous à la vie spirituelle : ceux qui ne sont que des forces transmigrent forces, ceux qui sont matériels transmigrent matériels, ceux dont l'esprit touche la légalité transmigrent ainsi et atteignent la vie spirituelle, chacun suit la loi et sa route ; les momeries et la volonté humaine, la négation ou la critique, n'y font rien : avec la loi divine, pas de méprise, pas plus au spirituel qu'au physique, l'assassin est l'assassin, le tigre est le tigre, l'âne est l'âne, l'équation dans les nombres est la loi !

Nous disons tout cela à propos de la vie des tissus, parce que tout part de la genèse ; le seul homme, après les prêtres égyptiens, qui l'a bien compris, fut Moïse !

Les tissus : mais c'est la trame numérique de la substance principe, spirituelle, attribuée ; l'homme n'est que tissus et forces dans la stase organisée.

La vie des tissus et celle des forces octroyées à l'espèce, demandent la connaissance de l'universalité de la vie, la substance spirituelle se montre dans leur existence, et les lois divines sont utiles à connaître ; cela est en dehors des commérages des fanatiques et des ignorants.

Toutes les doctrines philosophiques et religieuses, depuis Moïse, sont les sûrs témoins d'une profonde ignorance de la loi ; on étudie, cela est vrai, mais on ignore la loi ! La grande physionomie de Moïse apparaît seule comme celle d'un géant qui touche le ciel dans l'éloignement des temps !

Sa *Genèse* est la plus grande de toutes les conceptions de l'humanité, la sagesse y est enfermée dans le secret le plus profond ; cependant, il avoue poétiquement que l'homme est tombé par l'arbre de science, mais qu'il n'a pu connaître l'arbre de vie qui, pour nous, est l'arbre de rachat de l'humanité, *l'arbre de la délivrance de l'esprit.*

Voici donc la génération spontanée encore aux abois ; que peut-elle, elle si petite, avoir à démêler avec ces hautes connaissances qui font apparaître aux regards éblouis de l'homme le vaste horizon de son avenir? Que les spontanéistes rentrent donc amicalément, avec nous, dans les voies de la science légale, car l'esprit de sagesse est certainement préférable à la volonté et à l'opiniâtreté humaines insurgées contre la loi divine.

La Genèse matériale et les Tissus.

Noble et grand Buffon, toi qui as répandu tant d'esprit dans tes livres si pleins de profondeur, nous t'appelons à notre aide, viens t'unir, en quelque sorte à nous, et nous prêter ta force et ta clarté.

Le premier, n'as-tu pas sondé les profondes entrailles du gigantesque monument de la terre sur laquelle s'est produite la plus sublime genèse !

Tes sept époques de la nature n'ont-elles pas ouvert une large voie aux idées régulières ; n'as-tu pas planté dans tes œuvres les premiers jalons des travaux de l'esprit humain sur la création de notre globe ; n'as-tu point apprécié les minéraux, les animaux, l'homme lui-même, avec la plus grande magnificence, puisque tu les as enveloppés du regard de Dieu. Tu fus un grand et libre travailleur, nous te saluons et t'appelons à nous guider, car les Linné et leurs disciples ne sont que des aides.

Le philosophe ne peut comprendre la genèse primitive que par déduction de ce qui se passe dans l'état actuel de la reproduction des faits généraux, des faits particuliers et des espèces.

Car dans cinq mille ans, si la genèse n'était pas connue, on ne pourrait en concevoir la loi que comme nous-mêmes par déduction des faits présents, de même qu'il y a cinq mille ans et plus peut-être on a découvert la loi de la genèse par déduction des faits présents alors.

Les faits de la genèse n'ont pu être connus par tradition de son origine à l'époque égyptienne, et Dieu n'a jamais eu de bouche humaine pour parler à l'homme et lui raconter. Il a fallu que l'homme étudiât les faits ; on étudia dans les temples, pour acquérir la science, comme on le fait de nos jours dans les académies.

Les lois naturelles, dans les faits qui sont leur expression, ont toujours été *la seule et unique parole de Dieu !* L'homme savant devenait prophète dans un cercle de connaissances assez limitées, ce qui faisait que souvent il en abusait et devenait un profond charlatan.

Depuis vingt siècles au moins les principes de la physiologie religieuse ont été dénaturés par les diverses écoles philosophiques et religieuses qui se sont succédé, et cela est aussi vrai que malheureux pour l'humanité.

Les castes religieuses, païennes surtout, ont tout fait pour détourner l'esprit humain de la vraie voie physiologique ; elles ont toujours dénaturé les faits et les ont enveloppés de mystères, souvent de symboles, toujours d'images, d'idoles, de pratiques quelquefois très-honteuses. Le commerce était très-fructueux à la caste, les présents abondaient, on a voulu continuer d'avoir et l'on régnait à tout prix ; Dieu n'était que secondaire, l'idole était tout, pour obtenir l'offrande et bien d'autres joies.

La base fondamentale de la physiologie religieuse est, savoir : Dieu est *Substance,* — *Esprit légal* — et *Principe.* Voilà les trois éléments de Dieu dans lesquels il n'y a ni homme, ni femme, ni fils-produit.

La philosophie, cet amour de la sagesse, cet amour de l'esprit légal de Dieu, conduit l'homme, par l'étude, aux connaissances physiologiques matérielles et spirituelles.

Mais comme le philosophe, né de la femme humaine, attaché organiquement par ses tissus au sol de ce globe, n'a, au milieu de ses faiblesses, qu'un esprit humain relatif, porté par la vénération à la sagesse des faits, c'est-à-dire à la recherche de leur équation, esprit qui ne peut dépasser certaines limites dans une étendue très-restreinte, il ne peut se rendre compte des trois éléments divins créateurs de la nature, que par déduction des trois éléments reproducteurs qui concourent à la génération chez les espèces.

Dans son examen et sa détermination physiologique des trois éléments divins créateurs dans la genèse primitive, le philosophe est conduit à connaître Dieu par les mêmes éléments divins déterminés et appliqués à la reproduction dans la nature.

Alors il prend la femme humaine, la loi de reproduction et l'homme comme types de leur étude.

Bien qu'il n'ignore pas que la femme, la loi de reproduction et l'homme ne sont que des êtres infiniment petits et relatifs, par rapport à l'universalité des trois éléments divins créateurs dans la genèse générale, son esprit comprend ici l'universel par le relatif, et c'est précisément parce que ces trois éléments de reproduction se retrouvent dans la génération de toutes les espèces que ce fait devient une vérité légale, qui démontre le rapport des trois éléments divins créateurs et des trois éléments reproducteurs.

Il s'élève ainsi de la nature à Dieu, et quand il a compris Dieu, il descend de Dieu à la nature.

La femme, la loi de reproduction humaine et l'homme sont les types les plus perfectionnés à ce sujet.

Dans l'harmonie très-relative des trois éléments divins déterminés et appliqués à la génération reproductive, la femme, ou la femelle génératrice dans la reproduction, lui a rendu témoignage de l'existence de la substance divine, créatrice dans la genèse primitive.

La loi organique et harmonique de la distribution des matériaux constituants dans le fils-produit ou dans l'embryon, lui a rendu témoignage de l'existence de l'esprit légal créateur dans la genèse primitive.

L'homme, ou le mâle générateur dans la reproduction, lui a rendu témoignage de l'existence du principe créateur dans la genèse primitive; car la loi est partout la loi, l'équation est partout l'équation !

Voilà la grande vérité, l'importante vérité, la plus utile connaissance, débarrassée de voile et de mensonge, débarrassée d'images et d'idoles ; c'est la divine trinité, qui fait loi, dans toute la nature, pour multiplier ou diviser les nombres de ses accords déterminés : 3 est le multiplicateur ou le diviseur des nombres, des Nombres-Stases, des Nombres-Forces, des Nombres-Durées.

Vous n'avez pas à vous perdre dans les inextricables divagations des castes, des sectes, des méthodes, voilà la vérité ! mais quelle énorme différence, de la Trinité divine universelle et de cette petite trinité relative dans l'espèce humaine ou dans l'homme? L'homme ne peut pas s'égaler à Dieu quelle que soit sa sagesse, il est si relatif !

Dans les études, la philosophie, l'amour déductif dans la sagesse légale, n'est qu'une tendance, n'est qu'un moyen dont l'homme est doué pour qu'il puisse arriver aux plus hautes connaissances de la physiologie religieuse, qui est la science légale de tout ce qui existe : êtres, rapports, âmes et Dieu, et qui a pour but de protéger l'homme dans sa stase organisée, de lui donner connaissance d'un avenir certain et régulier dans l'universalité, en lui ouvrant toutes les voies légales par son perfectionnement physique et spirituel.

La société humaine fut toujours un jeu d'échecs où le plus sage fut fait mat par les plus égoïstes : Socrate a bu la ciguë, il posait l'immortalité de l'âme ; Jésus fut crucifié, il professait la charité ; ils ne s'occupaient nullement de la physiologie de la genèse, ils continuaient la doctrine morale de Salomon, ils étaient réformateurs des mœurs !

Les préceptes de morale seuls ne peuvent pas faire comprendre Dieu à l'homme, *verba volant !* il faut que la morale découle de la physiologie religieuse, ressorte de la *Genèse* même, *scripta manent!* Un seul homme l'a bien compris, ce fut Moïse! L'homme doit connaître les grands actes de Dieu, pour se pénétrer de sa sagesse ; il doit savoir son avenir comme son passé, la physiologie religieusement légale expliquera tout.

Revenons.

La loi d'harmonie rétablit toujours l'équilibre dans l'universalité, lorsque des causes intercurrentes ont dérangé les fonctions, les êtres et les rapports équationnels dans les stases ; savez-vous pourquoi ? C'est que les forces active et passive sont constituées par la substance et le principe spirituels en quantités d'accords attribués, et que les forces unissent leurs accords dans l'esprit légal de la loi des nombres chez les espèces et les êtres, quels qu'ils soient.

C'est parce que les trois éléments créateurs sont en équation harmonique, que l'esprit légal de Dieu demeure libre et ne se détermine pas dans les êtres déterminés.

C'est de ce que le principe créateur et la substance créatrice sont en équation harmonique avec l'esprit légal de Dieu, que nous les appelons principe spirituel et substance spirituelle ou légaux.

Doit-on conclure de ce que Dieu dans son esprit légal reste soi ou en soi, que par rapport au déterminé il est en hiperstase, en superstase, en hypostase, en intrastase, qu'il est au delà, au-dessus, au-dessous ou dans les êtres déterminés? Non! le grand corps de la nature a ses organes et ses forces, ses âmes et ses espèces, il a son centre spirituel comme l'homme même. Ce centre est l'esprit légal de Dieu, dont l'homme peut comprendre la grandeur d'activité par l'immensité de l'univers et la justice légale qui y est répandue; l'harmonie n'est que l'expression de l'esprit universel.

Le principe spirituel et formateur, la substance spirituelle et formatrice, légalisés dans l'esprit de Dieu, se déterminent donc seuls en matière, que nous appelons substance-principe déterminée.

Le principe spirituel se détermine en principe actif de la matière, la substance spirituelle en principe passif ou substance passive de la matière : ils renferment donc les âmes et les corps, car avant d'être déterminés ils étaient spirituels.

L'esprit légal de Dieu reste esprit indestructible en dehors de toute détermination, de toute matérialisation, par cela même que son principe et sa substance sont en équation harmonique avec lui. Veillerait-il comme un cocher à ses animaux, leur parlerait-il? Non, car sa propre loi d'harmonie est donnée à son principe et à sa substance attribués à la genèse.

L'esprit légal d'harmonie existe dans la loi donnée dans

la génèse, étant inhérent au principe créateur et à la substance créatrice.

Si l'esprit légal-*Dieu esprit*, s'appartient toujours, la loi d'harmonie s'appartient également toujours par son inhérence au principe et à la substance, qui demeurent sans cesse en équation simple harmonique avec l'esprit légal: l'harmonie est toujours l'harmonie, qu'elle sorte de l'esprit légal, qu'elle sorte du principe spirituel, qu'elle sorte de la substance spirituelle.

Malgré les causes intercurrentes dans le relatif, les équations se retrouvent toujours, et l'on constate sans cesse, dans la vie organisée, cette devise inexorable, l'équation des forces ou la mort! Après la mort, l'équation se retrouve dans les éléments chimiques.

Alors rien n'est hasard, car tout revient à l'équation ; rien n'est volonté, car tout est légalisé ; rien n'est nécessaire, car tout est antérienr et immuable ; rien n'est destin ou fatalité, car tout est avenir certain, équation juste d'après les causes.

Dans le genre mâle, dans le genre femelle, dans l'espéce, dans la spécialité, l'ordinalité, la distributivité, la généralité, l'universalité, tout est équationnel.

Et si quelque chose est dérangé dans les êtres et les rapports par des causes de rencontre inopportunes, bientôt tout se juge dans l'équation.

La volonté humaine, quelle qu'elle soit, doit fléchir devant la loi d'harmonie, puisqu'elle est la sagesse dans une justice spirituelle et sans recours. Que de gammes de sagesse depuis les êtres élémentaires jusqu'à Dieu !

Nous le disons, la volonté humaine n'est pas plus devant la loi d'harmonie, devant l'esprit de Dieu dévoilé par la loi, que dans le relatif devant une gamme de musique ; la volonté humaine ne peut déranger les tons de la gamme sans chanter faux.

Eh bien, en histoire naturelle nous avons tous chanté faux, nous avons tous fait fausse note; il n'en est pas moins vrai que les gammes d'harmonie existent; il faut donc les apprécier dans la loi des Nombres, la loi splendide de la genèse.

Nous avons fait bien des erreurs à l'aide de l'expérimentation; ce ne serait pas mauvais de consulter la loi des Nombres.

Nous ne parlons pas ici à la génération spontanée : les morts n'ont pas d'oreille.

Nous voici donc en présence de la matière ou substance principe déterminée dans les Nombres.

La matière comme l'état spirituel qui est l'équation simple des accords, n'est point reconnue par les sens; l'expérimentation, ici, ne peut rien. Aussi le philosophe ne se rend-il compte de la matière que par cette déduction : que les trois fluides actifs d'où naît la force active, que les trois fluides passifs d'où naît la force passive, ne pourraient exister sans un antécédent constituant, sans une matière constituante. De même, qu'il conçoit que l'antécédent des forces, antécédent auquel il donne le nom de matière, ne pourrait exister sans un autre antécédent créateur; ainsi par les accords spirituels, il remonte à Dieu!

C'est avec les forces que commence à apparaître la loi des accords dans leur trinité déterminée.

En effet, il y a trois fluides actifs : l'électricité, la lumière et le calorique, et trois fluides passifs qui ne sont ni électriques, ni lumineux, ni chauds, et qui n'ont pas reçu de noms. Nous les appellerons, pour les comprendre et les étudier au besoin, car ils ont des rapports équationnels avec les fluides électriques, lumineux et calorique; nous les appellerons, disons-nous, fluides électral, luminal et frigoral. On verra plus tard que ces trois expressions indiquent leurs rapports et leur état intérieur. La force passive transmigre donc entre les corps célestes et les planètes à l'état de fluides électral, luminal et frigoral. Ceci est très-important, bien plus important qu'on ne pourrait le penser.

Les fluides nous offrent donc la loi d'accord par 3. Désormais la division des nombres fractionnaires de la force active et de la force passive par 3 nous donnera les nombres des espèces gazeuses, liquides, cristallisées, organisées, et des constituants élémentaires.

C'est par accords trinitaires que les équations doubles fractionnaires des forces se constituent. La loi des accords descend donc de la trinité des éléments divins créateurs comme elle y remonte jusqu'à l'équation simple des accords spirituels.

En sorte que dans toute étude des espèces, si l'on connaît le nombre fractionnaire attribué à une espèce dans une de ses stases, par la multiplication de ce nombre par 3 et des nombres obtenus par 3, on remontera toutes ses stases jusqu'à la stase spirituelle, après laquelle on se perdra dans les nombres de ses harmonies spirituelles universelles, et par la division de ce nombre fractionnaire attribué à une espèce dans une de ses stases par 3, et des nombres successifs obtenus divisés par 3, on descendra jusqu'à sa stase élémentaire qui suit sa stase cristallisée.

C'est ainsi que nous avons pu faire la table gigantesque de la genèse matérielle, qui démontre qu'avant que l'homme fût organisé, il fallut six périodes matérielles ou six stases, c'est-à-dire de la création de la matière, en passant par les forces, les gaz, les liquides ou les fusions, les cristaux, jusqu'aux organisations tissulaires. Les animaux et l'homme ont reçu leur existence dans une genèse générale, par une vaste équation de leurs forces fractionnaires sur le sol déjà préparé, et dans des eaux mères constituantes qui couvraient toute la terre. Il est évident que les naissances n'ont eu lieu qu'au fur et à mesure de la retraite des eaux qui, formant à la genèse un déluge universel, se retirèrent dans le bassin qui s'affaissait peu à peu pour établir les mers.

Les tissus, dans les œufs, n'ont pu tirer leur nourriture que de vitellus respectifs travaillés par des courants organiques; chaque espèce d'œuf eut ses points particuliers d'incarnation; pour l'œuf de l'homme ces points d'incarnation furent au nombre de 43,200, 480 points pour chacune des 90 modifications de tissus.

Une immense convulsion vulcanienne qui suivit de près l'oogenèse rémua le sous-sol terrestre et forma le gouffre des mers.

Si l'oogenèse a été produite d'un seul jet, la convulsion vulcanienne, qui a gaufré la surface de la terre, a dû être aussi lente que le besoin des incubations, ou plutôt, du développement des embryons le demandait.

La genèse s'est accomplie dans la loi divine des Nombres; elle fut ovulo-vitelline, et la génération sacrée, primitive, a suivi les mêmes lois que nous constatons dans la reproduction.

L'ovulation et la spermation, la fécondation et l'organo-genèse ont eu pour ressort un orgasme physiologique de la substance et du principe spirituels; Dieu était là principe et substance harmonisés dans son esprit légal, de même que nous voyons le même fait dans la reproduction chez les femelles.

C'est dans les matériaux constituants des tissus que l'orgasme a eu lieu à la genèse, et les forces solaires n'ont été que des auxiliaires.

La substance et le principe spirituels se sont montrés vigilants dans l'oogenèse primitive, comme ils se montrent vigilants chez les animaux dans la reproduction.

Les éléments, divins créateurs, étaient solidaires dans leur attribution à chaque espèce; ils le furent dans la détermination de la matière, celle des forces, des gaz, des liquides, des cristaux, des organisations tissulaires, dans les ovules ou cellulations albuminoïdes.

L'esprit de Dieu, dit Moïse, était porté sur les eaux, dans la genèse des êtres organisés.

Après la cellulation des albuminoïdes et la fécondation des cellules-ovules par les spermes et les pollens, chaque œuf avait en lui-même la constitution fluide propre aux quinze espèces de tissus et à leur modification dans les œufs humains.

Quelle équation magique des Nombres-Forces que celle de l'oogenèse!

L'homme ne doit rien mépriser, car tout le renseigne, et l'œuf humain, l'œuf animal ont eu une origine et une vie primitive qui a des rapports avec celles de l'œuf de certains batraciens; les œufs flottaient sur les eaux dans des amas vitellins d'albumine.

L'homme puise son instruction dans la nature; son esprit étant relatif, il lui a fallu des exemples pour lui traduire son origine.

Pourquoi l'homme n'est-il pas Dieu, pourquoi l'homme ne doit-il pas se faire adorer comme Dieu? C'est qu'il est très-relatif, étant une petite fraction de l'universel; son esprit est relatif, car il a des faiblesses innombrables: l'universel n'a pas de faiblesse.

L'homme tient au sol, dont la loi divine l'a tiré ; il s'y est organisé, dans la loi, de force passive et de force active ; s'il eut une vie spirituelle, elle fut relative, vis-à-vis de celle de Dieu, avec le sol même du globe qu'il habite ; il fut matière, il fut forces, il fut gaz, il fut liquide, puis il s'est organisé dans la loi des Nombres ; il est encore en lui-même esprit, matière, forces, gaz, liquides et trames tissulaires.

D'où vient donc que les Alexandre, les Darius, les Nabuchodonosor, etc., se faisaient adorer comme des dieux ? c'est qu'ils étaient des orgueilleux, ou que leur volonté humaine était insurgée contre la loi divine ! Faire adorer Dieu dans le chef n'est pas seulement honteux, mais dangereux, parce qu'alors l'homme n'est plus retenu que par la crainte de la torture morale ou physique !

Les images sont des figures physiométriques ; faire adorer l'image, est paganisme ; n'adorons point le signe de l'harmonie, car l'harmonie même n'est que l'expression de l'esprit de Dieu.

Avec la génération spontanée on peut adorer un Crésus !

Avec la genèse légale on ne pourrait pas même adorer le soleil ; on ne peut plus adorer que l'Esprit de Dieu !

Ainsi, entre l'homme organisé et Dieu il y a eu six stases, une stase spirituelle et cinq stases matériales ; et entre l'homme organisé et la cinquième stase matériale il y a eu la genèse des tissus dans l'œuf humain.

L'incarnation ressort de la stase liquide, par la cristallisation des albuminoïdes en cellules. Moïse a eu raison : l'esprit de Dieu était porté sur les eaux !

Un homme, par un coup de baguette, ne peut donc pas être une incarnation de Dieu ; la filiation est une loi de sagesse, de préparation, de continuation, d'accomplissement, Dieu ne s'incarne qu'en nombres fractionnaires et relatifs des accords de sa substance principe, et l'esprit de l'homme, quelque sage qu'il soit, ignore le monde.

L'homme, le plus parfait et le plus beau de cette terre, fait concevoir une perfection plus grande et une beauté plus exacte !

Il doit donc exister des cités sur la route de l'univers, dont la cité spirituelle est le centre, où l'homme jouit de plus en plus ou de moins en moins des facultés et des bienfaits de la loi divine.

Chacun doit suivre sa voie d'après ce qu'il est au départ de la terre, et la conscience interne en est la mesure !

L'homme purement animal et instinctif peut-il concevoir de pareils faits? non ! il faut donc l'instruire !

L'Ovaire.

L'ovaire est le nœud de la genèse et de la reproduction, qu'il s'agit de connaître et non de trancher.

La question de l'ovaire est une des plus importantes de la physiologie, et celui de la femme, par déduction, peut faire comprendre celui de la genèse primitive, dont nous avons déjà parlé page 139 et figures 13 du *Métisme animal*.

La question de l'ovaire est si vive par les rapports de l'ovule avec les quinze espèces de tissus et leurs modifications qui y prennent naissance, que nous ne pouvons la passer sous silence.

L'ovaire, chez la femme et les femelles des animaux supérieurs, est divisé en deux hémisphères plus ou moins déformés ; par cette division symétrique, on voit de suite qu'il existe chez les femelles deux forces, qui représentent les deux ancêtres, la mère et le père. Une force passive-active qui vient de la mère et une force active-passive qui vient du père , qui représentent quatre quarts de forces, qui pour la mère viennent de la grand'mère et du grand-père, qui pour le père viennent du grand-père et de la grand' mère, ou 10 800 $+$ 10 800 :: 10 800 $+$ 10 800. Quoique ces deux forces soient réparties et qu'elles existent des deux côtés dans les deux hémisphères ovariens ; en somme 21,600 $+$ 21,600 ou 15 $+$ 15. Quinze pour la mère ou substance passive-active et quinze pour le père ou principe actif-passif.

Ces deux forces dans l'équation animale se révèlent par la symétrie.

La loi d'harmoie est si belle que tout l'exprime !

La figure 13 du *Métisme animal* représente un hémisphère de l'ovaire humain.

Chacun des hémisphères de l'ovaire, chez la femme humaine, contient, d'après tous les anatomistes, de 15 à 20 vésicules. Dans ce nombre ils comptent les vésicules qui vont se détacher et celles qui viennent de naître, en sorte que l'on doit admettre le nombre de 15 vésicules-ovules comme le nombre fixe des ovules de chaque hémisphère. C'est en effet le nombre fourni et par la substance et par le principe dans la génération ; c'est le nombre fourni par la mère et par le père au produit embryonnaire. Voilà un fait bien important , nous allons en faire ressortir toute la valeure physiologique !

Le nombre de 15 vésicules-ovules est un membre de l'équation des ovules, puisque quinze vésicules-ovules appartiennent à chaque hémisphère, ce qui fait, pour l'ovaire sphérique, le nombre de trente vésicules, nombre qui est celui de la substance principe à l'état légal ou spirituel. L'ovaire sphérique, équationnel, a donc trente vésicules-ovules ; en multipliant ce nombre de 30 vésicules ovules par 12 mois ou 12 ruts, cela nous produit $30 \times 12 = 360$, le nombre du circuit vital et légal de l'espèce humaine.

Chaque hémisphère de l'ovaire présente, par an, 180 vésicules-ovules, ou 12 fois 15 vésicules-ovules ; mais chaque hémisphère de l'ovaire a un roulement de 30 ovules par mois, ce qui fait 60 pour l'ovaire sphérique, car 60 est le nombre des substances de la mère et du père réunis.

L'ovaire entier ou sphérique sèmera donc 30 ovules par mois ou 15 ovules par hémisphère, car $15 + 15 = 30$, et 30×12 ruts $= 360$. Le nombre fixe, légal, dans l'ovaire entier ou sphérique est désormais de 30 ovules ou vésicules-ovules, plus quelques ovules qui vont se détacher par turgescence, et quelques autres qui viennent de naître par orgasme.

C'est en effet ce qui a eu lieu ; nous avons toujours trouvé dans les hémisphères de l'ovaire, 1° des ovules en turgescence (cette turgescence est facile à constater chez la femme et les femelles) ; 2° des ovules rendus à leur grosseur normale, ce que l'on constate pour le plus grand nombre, et 3° d'autres qui sont de plus en plus petits qui viennent de naître. Ces connaissances sont de la plus grande importance.

Le nombre des vésicules-ovules chez l'espèce humaine est encore le même que celui des tissus : il y a 15 espèces de tissus, 15 actifs et 15 passifs, ou 30 tissus simples.

Le nombre des vésicules-ovules est le même que celui de la substance-principe spirituelle, 30, dans l'ovaire entier, parce que rien n'est déterminé dans les ovules.

Mais l'ovule lui-même est déterminé, aussi se produit-il dans la loi de la détermination; il est formé de 90 accords de force proportionnels, comme toutes les cellules progressionnelles, plus les forces d'orgasme (1), les fluides organiques, 21,600 pour la mère.

La substance-principe spirituelle se détermine dans l'ovule en multipliant son propre nombre par son nombre entier : $30 \times 3 = 90$.

Ainsi les actes de la substance-principe spirituelle sont aussi nombreux que les êtres déterminés, qui tous la représentent comme symboles.

L'ovule est force passive-active maternelle, parce que la femme tient de sa mère et de son père. La femelle fournit à l'ovule ici — nous parlons de la femme humaine, car chaque animal a ses forces fractionnaires de celles de l'homme — la femme fournit à l'ovule 10,800 de force maternelle et 10,800 de force paternelle parce qu'elle tient de ses deux ancêtres.

Le sperme est force active-passive paternelle ; l'homme fournit dans la fécondation 10,800 de force paternelle et 10,800 de force maternelle parce qu'il tient de ses deux ancêtres.

L'ovule est en équation simple des forces passive-active des précédents de la femme mère.

Le sperme est en équation simple des forces active-passive des précédents de l'homme père.

Après l'imprégnation de l'ovule et la fécondation, il y a dans l'ovule fécondé équation double de ces quatre éléments des ancêtres de la mère et du père, et l'incarnation s'ensuit.

____

(1) L'orgasme est un effet de l'âme.

Toute génération ovulaire ou autres se produit par équation double de quatre éléments antécédents.

La femme et l'homme fournissent à l'ovule 21,600 de force chacun, car 21,600 + 21,600 = 43,200, *les forces humaines dans l'ovule fécondé* de la femme humaine.

Voici pourquoi l'ovaire de la femme a des rapports avec les tissus, c'est que c'est dans l'ovule fécondé que les tissus s'incarnent, en multipliant les 43,200 accords par 90, le nombre de la substance déterminée, ou celui des tissus chez l'homme, car il y a 90 modifications de tissus et 43,200 × 90 = 3,888,000, nombre légal de l'homme individu à l'état adulte.

Tout ce que nous venons d'exposer se passe dans l'ovule et l'œuf humain, puis se continue jusqu'à l'état adulte.

Il faut sans cesse se rappeler que nous envisagons les Nombres-Forces de l'homme et ceux des animaux dans l'ovule, qui vient d'être fécondé. Les Nombres-Forces sont les nombres fractionnaires des forces de la nature dans l'équation de la genèse ovulaire.

Sans cette considération on ne pourrait rien savoir sur la genèse et sur les nombres sacrés.

Avant de continuer, écoutez bien ceci : les Nombres-Forces des animaux multipliés chacun par 90, fournissent aussi le Nombre-Forces de l'animal adulte, car pour l'homme individu 43,200 × 90 = 3,888,000 (1); il en est de même de tous les animaux ; nous appellerons ces nombres Nombres-Adultes, et, ils le sont évidemment, puisque ce sont les mêmes nombres que ceux de la stase spi-

---

(1) Le nombre adulte de l'homme individu étant le même que le nombre de l'homme collectif à la genèse, cela prouve jusqu'à l'évidence qu'il y a eu quinze espèces humaines à la genèse, quinze espèces d'œufs mâles-femelles. (Voyez, dans le *Mélisme animal*, le tableau de la genèse humaine.)

rituelle, ils indiquent le même nombre d'accords. 3,888,000 est le nombre de la stase spirituelle de l'homme, *le nombre adamique de l'homme collectif.*

Nous venons d'entrevoir ce grand fait à l'instant même, il dépasse toutes nos prévisions.

Nous avons dit que, par déduction, l'ovaire de la femme pouvait faire comprendre l'ovaire de la genèse primitive à la création divine.

En effet, nous avons découvert dans l'ovaire sphérique de la femme 30 vésicules-ovules qui peuvent répondre à 15 mâles et à 15 femelles, c'est-à-dire à 15 espèces à la genèse; mais dans *l'époque génératrice* chez la femme qui est d'une année, on constate douze ruts, pour l'émission des ovules mâles et femelles, frères et sœurs, ce qui fait 360 ovules par an, car 30 ovules $\times$ par 12 ruts $= 360$. A la genèse primitive, il y a eu pour chaque espèce humaine 12 fois 30 ovules, ce qui fait 360 ovules par espèce humaine.

En multipliant 360 ovules par 15 espèces humaines, on obtient le nombre de 5,400 ovules pour les quinze espèces humaines. A la genèse primitive il y a donc eu, au commencement, 15 tribus de 360 personnes chaque: 180 hommes et 180 femmes par espèce.

Ces 5,400 personnes sont venues à la genèse pour aménager le globe terrestre, dont 2,700 hommes et 2,700 femmes, formant 2,700 souches. En admettant que ces 2,700 souches eurent chacune 8 enfants, 4 du sexe masculin et 4 du sexe féminin, la première reproduction offrit 21,600 enfants. En ajoutant à ces 21,600 personnes 5,400 personnes des 2,700 souches primitives, on obtient une population totale de 27,000 personnes, vingt ans après la genèse, c'est à-dire 13,500 souches pour servir à la seconde reproduction. En divisant ces 13,500 souches par 15 espèces humaines, on voit que chaque espèce humaine, vingt ans après la genèse, avait 900 souches prêtes pour la seconde reproduction, car 900 souches × 15 espèces humaines donnent 13,500 souches.

Le nombre de 900 souches représente celui des souches d'une espèce humaine dans le cours déterminé de la reproduction.

Ces nombres se rapportent avec ceux du zodiaque circulaire de Dendérah.

Examinons donc les rapports qui peuvent exister entre ce que nous venons de dire et la reproduction humaine racontée dans la *Genèse* de Moïse.

Disons d'abord que pour nous, ce qu'il appelle patriarche n'est qu'une origine, qu'une espèce humaine.

Car si l'on compte les premiers personnages de la Genèse biblique, on constate qu'ils ont été au nombre de quinze, savoir : 1° Adam, 2° Caïn, 3° Abel, 4° Seth, 5° Enos, 6° Caïnau, 7° Maléléel, 8° Jared, 9° Henoch, 10° Mathusalem, 11° Lamech, 12° Noé, 13° Sem, 14° Cham, 15° Japhet. Ces quinze personnages, dans la version poétique de la Bible, sont distribués dans le seul but, le seul rôle de la reproduction, car il est dit aussitôt et pour chacun d'eux, qu'ils eurent un grand nombre de fils et de filles ; ces quinze patriarches, pour nous, sont donc 15 espèces humaines.

La femme portant neuf mois, l'année de la vie de chaque patriarche représente pour nous, dans cette version, une souche humaine ou produit mâle et femelle.

Chaque année de la vie d'un patriarche ou d'une origine des souches représente donc une souche.

Voici, d'après la Bible, ce que vécurent les patriarches, et cela y est indiqué avec le plus grand soin, sauf pour Caïn et Abel ; mais la rectification est facile à obtenir.

Il en est de même pour Sem, Cham et Japhet, puisque la Bible annonce qu'après Noé, les hommes ne vécurent plus que six vingts ans.

Et en admettant qu'Abel eût vécu 900 ans et Caïn 965, le résultat se trouve parfait.

Les patriarches, d'après la Bible, vécurent donc, savoir :

1° Adam	vécut	930	
2° Seth	vécut	912	
3° Enos	vécut	905	
4° Caïnan	vécut	910	
5° Maléléel	vécut	895	
6° Jared	vécut	962	
7° Henoch	vécut	365	
8° Mathusalem	vécut	969	
9° Lamech	vécut	777	
10° Noé	vécut	950	(1)
11° Sem	vécut	120	
12° Cham	vécut	120	
13° Japhet	vécut	120	
14° Abel	eût vécu	900	
15° Caïn	eût vécu	965	

Cela fait.......... 10,800 ans.

Ce nombre de 10,800 ans représente 10,800 souches mâles et femelles, ou 21,600 personnes ; c'est ce même nombre que nous avons trouvé , par le calcul, après la première reproduction de la genèse, en

(1) Le nombre de Noé, qui représente le déluge, doit avoir été abaissé de dix par les copistes, car le déluge a duré, suivant la Bible, 40 jours et 40 nuits, ou 40 fois 24 heures, ce qui fait $40 \times 24 = 960$ pour Noé, au lieu de 950. Aussi, ont-ils laissé les nombres d'Abel et de Caïn indéterminés afin que l'on puisse rétablir la somme totale.

partant de l'étude de l'ovaire de la femme; de là découlent tous les autres calculs que nous avons faits, en partant de l'ovaire. Si Adam spirituel représente l'espèce humaine collective avant sa détermination, les quinze patriarches ne sont que ce que nous appelons nous-même les quinze espèces humaines.

Que les anciens étaient savants! Mais ils avaient bien tort de donner à des espèces, à des origines, le nom de patriarches et de voiler ainsi leurs connaissances.

Le nombre d'années que vécut Adam-déterminé est de 930 ans. Parmi les quinze premiers personnages de la genèse, on ne compte réellement que neuf patriarches pour marquer la détermination humaine; 9, 90 ou 900, etc., sont les nombres de la détermination. Le nombre d'Adam est formé de deux nombres 900 et 30, le nombre 30 est celui de la substance principe spirituelle. En multipliant 900 par 30, on obtient 27,000 descendants, nombre égal à celui que nous avons trouvé pour la population vingt ans après la genèse primitive et après la première reproduction.

Ce que nous venons de dire est si vrai, que l'étonnement le plus profond s'emparera de tous nos lecteurs et que la loi divine des Nombres leur apparaîtra nue et dans tout son éclat, car si les prêtres juifs ont donné le résultat, nous avons donné le travail sur l'ovaire.

Les copistes ont sans doute dénaturé les textes de la *Genèse* de Moïse, et la science religieuse s'est perdue dans le silence ou dans les interprétations intéressées ou crédules de la bigotérie des sectes.

L'antiquité nous a laissé des idées confuses de déluges universels, et elle ne nous parle pas du déluge de la genèse à la formation des eaux. La Bible transporte ce fait à l'époque de reproduction de Noé; ceci est encore un voile pour la vérité.

3.

Les déluges universels successifs répugnent à la loi d'harmonie et au spiritualisme ; il ne peut exister que des déluges partiels, tel que celui de Deucalion, regardé par le paganisme comme universel. Ces déluges partiels ne sont occasionnés que par des faits intercurrents ; ils ne peuvent aucunement déranger la vie générale du globe terrestre, et les hommes pourraient quelquefois les empêcher par des travaux d'art.

La Bible cache dans les légendes poétiques d'Adam et de Noé toutes les notions légales que fournissent les Nombres.

La version des trois souches, Abel, Caïn et Seth, comme succédant au premier homme, celle des trois souches Sem, Cham et Japhet, comme succédant à Noé, premier reproducteur, après le déluge, est un voile trompeur qui cache un fait réel que voici :

L'homme ne peut se reproduire que trois fois avec ses propres filles :

Car l'âge de la reproduction est 20 ans (1) : c'est le terme de la croissance chez l'homme et la femme.

Alors avec sa femme il a 20 ans, avec sa première fille de 20 ans il en a 40, avec sa petite-fille de 20 ans il en a 60, avec sa petite-fille de 20 ans il en a 80.

Mais 80 ans est l'âge critique de l'homme jusqu'à 90 ans, où il n'est plus que principe déterminé et passif

L'homme ne peut donc avoir que trois souches dans sa descendance féminine, car à 80 ans le principe spirituel et légal ne se montre plus chez lui, comme la substance

---

(1) Ce fait est prouvé par les travaux de M. Flourens, qui a démontré que l'homme est adulte à 20 ans, car, dit-il, les épiphyses des os sont soudées au corps des os à cet âge. ·

spirituelle ne se montre plus chez la femme à 40 ans, règle générale, car à 45 ans, elle n'est plus que substance déterminée, et $45 + 45 = 90$. Voilà aussi pourquoi la femme est la moitié dans l'homme (1).

Les femelles sont généralement plus nombreuses que les mâles, dans les espèces, parce que leur vie génératrice est de moitié de celle des mâles ; c'est pour cela que la loi d'harmonie les a fait naître plus nombreuses.

Si la genèse n'avait été appuyée que sur une seule souche, la cause accidentelle eût pu empêcher la vie humaine de s'établir sur la terre, car la mort a probablement fauché dès le commencement de la vie terrestre. L'antiquité elle-même le dit dans le meurtre d'Abel par Caïn : la destruction est une loi !

La Bible est un voile qui renferme sans doute bien des vérités, toutes les vérités légales ; mais c'est obscur, bien obscur !

Tirons donc désormais toutes nos connaissances des faits naturels, passés et futurs, de la déduction des faits que nous avons sous les yeux.

L'ovaire de la femme nous fait exactement connaître et comprendre l'ovaire de la genèse spirituelle ou divine.

Ne confondons jamais les Nombres de la nature avec les nombres et les méthodes imaginés par l'homme.

La balance n'est qu'un moyen humain, les nombres proportionnels de la chimie ne sont qu'arbitraires, comme les méthodes et les poids imaginés par l'homme ne sont pas les Nombres sacrés.

Dans chaque hémisphère de l'ovaire, chez les femelles des animaux supérieurs il y a une surface de production

(1) Si la femme est productive pendant 30 ans, l'homme est productif pendant 60 ans. — J.-E. Cornay.

des ovules, elle est limitée à une demi-calotte. Il est évident que pour la genèse terrestre le même fait s'est produit.

Les animaux paraissent offrir un nombre d'œufs en rapport avec leur *état décimal* vis-à-vis de l'espèce humaine.

Nous avons aussi étudié un grand nombre d'ovaires chez les animaux, et ce que nous avons pu dire ici est très-exact.

La sagesse légale est toujours la sagesse légale ; partout la loi apparaît sous la même forme dans les cas semblables. Certainement que la femme humaine dans son ovaire est la représentation fidèle de l'ovaire humain de la première genèse, la reproduction est la seconde représentation de la genèse.

Ce que nous venons de dire nous conduit à l'étude des tissus.

Il y a 15 espèces de tissus ou 30 tissus simples.

Si l'immensité resplendissante de la nature, terre et ciel, pénètre l'homme d'une grande admiration pour le Créateur de cette somptueuse harmonie, la multiplicité des objets de la création le remplit d'étonnement et de curiosité. C'est surtout dans la jeunesse qu'il est tout émerveillé de la variété des produits de notre globe. Combien de fois n'avons-nous pas vu des enfants examiner avec la plus vive attention les poissons, les salamandres, les grenouilles, les dytiques, les libellules, les éphémères, et beaucoup d'autres animaux qui se jouaient sur les bords ou dans les eaux tranquilles des fontaines champêtres.

L'homme, dans l'enfance de l'humanité, eut les mêmes émotions ; mais bientôt il examina de plus près les êtres qu'il voyait s'ébattre devant lui, et il conçut qu'ils pouvaient lui rendre des services ; il s'empara donc des jeunes des espèces qui pouvaient lui être utiles, et après s'être nourri de leur lait, il se servit de leur chair comme aliment.

C'est ainsi qu'il commença à connaître l'intérieur des animaux ; l'anatomiste eut pour origine le sacrificateur.

Pendant de longs siècles, l'étude intérieure des animaux fut l'apanage du sacerdoce, fut réservé aux prêtres, qui lisaient, disaient-ils, l'avenir dans les entrailles ; et cela se trouve exact, puisque nous lisons dans les chairs et les ossements, etc.

Quant à ce qui regarde l'examen intérieur de l'homme, ce sont les druides qui, les premiers, et de temps immémorial, ont étudié les chairs palpitantes, vives ou mortes, de l'homme supplicié, sur le dolmen, sorte d'autel du sacrifice établi au milieu des forêts, sous le chêne couronné du guy sacré.

La Gaule a commencé l'étude des chairs de l'homme dans ses sacrifices humains ; car l'Inde brûlait l'homme, l'Assyrie le donnait en pâture aux animaux carnassiers, l'Égypte le bâtonnait jusqu'à la mort, la Judée le crucifiait ou le lapidait, la Grèce le brûlait ou l'empoisonnait, Rome le jetait aux lions !

Cependant, en dehors du sacerdoce, sous Alexandre le Grand, Aristote, d'après les historiens, paraît avoir fait des planches anatomiques qui ne nous sont point parvenues, et il est probable que dans les temples de l'Égypte antique, loin de la vue des profanes, on a fait l'examen intérieur de l'homme et des animaux, et surtout l'examen particulier des ossements; les connaissances exprimées dans le Zodiaque circulaire de Denderah semblent le démontrer.

Quoi qu'il en soit, quand on procède à l'étude anatomique des êtres, on doit porter le scalpel avec respect dans les divers plans de leurs tissus; ne sont-ils pas l'ouvrage parfait du Créateur de la nature, que l'on scrute pour en connaître l'harmonie?

Avant d'ouvrir le corps de l'homme ou celui des animaux, la première chose qui frappe l'observateur est l'équation animale, d'où naît la proportion générale des formes; et aussitôt que le derme est enlevé, l'équation organique d'où naît la symétrie lui apparaît dans toute son harmonie, depuis le système musculaire jusqu'au système osseux.

Le naturaliste s'est attaché particulièrement à la surface des êtres; il étudia leur physionomie, leur couleur, leurs formes générales et particulières, ainsi que leurs mœurs propres, sociales et quelquefois accidentelles.

L'anatomiste pénètre leur intérieur par divers procédés dont le scalpel prépare les voies; il nettoie les tissus, les isole, les décompose, les macère, les injecte, les traite par divers agents, il en examine les détails aux instruments d'optique; enfin, il les décrit, les compte et les nomme.

Le physiologiste spécialiste expose les actes particuliers, les fonctions spéciales des organes et leurs liaisons.

Le physiologiste encyclopédiste, avec son coup d'œil d'ensemble, s'élève de la genèse à Dieu; il recherche les grandes lois qui président au développement, à la genèse, à la reproduction des espèces; il explore le pourquoi, le comment, le but des existences, les rapports; il sonde le spirituel, le matériel, le déterminé, l'organisé.

Il repousse avec sagesse, les méthodes arbitraires humaines, car il lui faut découvrir la loi de la genèse, sur laquelle la nature entière est appuyée !

Lorsqu'il a eu le bonheur de la découvrir, il voit que son plus grand devoir est de détruire tous les points d'appui du matérialisme, pour replacer la science sur la vraie route, la route de la loi divine.

Alors il a accompli le plus grand fait, il a retrouvé et rétabli la physiologie religieuse, et la science dans ses mains devient un sacerdoce.

La science et la religion s'y confondent; là est toute la question, nobles savants qui nous lisez!

Le corps de l'homme, comme équation organique, est l'union équationnelle des tissus.

La diversité des organes qui, par leur association, expriment l'équation organique, pourrait faire admettre, sous l'action seule du scalpel, qu'il existe un nombre de tissus égal à celui des organes ; et en effet, cela est vrai comme modifications de tissus simples, car les modifications des tissus primordiaux sont aussi nombreuses que les organes, sans cela les organes n'auraient pas leurs caractères particuliers.

C'est ce que nous avons trouvé. Il existe en tout 90 modifications de tissus.

Ainsi, pour les vaisseaux artériels, nous trouvons : 1° le cœur artériel; 2° les artères; 3° les capillaires artériels.

Pour les vaisseaux veineux, nous trouvons : 1° le cœur veineux; 2° les veines; 3° les capillaires veineux. C'est la même modification par 3 pour les 30 tissus, et $30 \times 3 = 90$ modifications.

Il y a donc quinze espèces de tissus qui donnent 15 tissus actifs et 15 tissus passifs, $= 30$ tissus qui, multipliés par 3 modifications, donnent 90 modifications de tissus.

Voilà un résultat que l'anatomie spéciale ne saurait jamais découvrir ; il faut, pour l'obtenir, remonter à la loi des Nombres, et l'on sait que la loi d'accord est 3, que la trinité multiplie ou divise tout.

En sorte que, avant d'aller plus loin, il est bien de savoir que si nous disons qu'il existe 15 espèces de tissus, cela veut dire 30 tissus, car l'espèce comprend le tissu actif et le tissu passif. Il y a les artères, il y a les veines, tissu actif, tissu passif ; tous les tissus sont dans les mêmes rapports de passivité et d'activité.

L'homme, ici, est pris comme type d'étude.

Bichat, l'illustre auteur de l'*Anatomie générale*, Bichat, une de nos plus grandes gloires pour la spécialité de l'anatomie, admet *de visu* vingt et un tissus simples. Le nombre 21 est celui de la force passive : 21,600 avec les fractions, et non celui de la substance déterminée des tissus dont le nombre est 90 et le nombre fractionnaire $30 \times 3 = 90$.

Voici la classification arbitraire de Bichat : 1° le tissu cellulaire ; 2° le tissu nerveux de la vie animale ; 3° le tissu nerveux de la vie organique ; 4° le tissu artériel ; 5° le tissu veineux ; 6° le tissu des vaisseaux exhalants ; 7° le tissu des vaisseaux absorbants ; 8° le tissu osseux ; 9° le tissu médullaire ; 10° le tissu cartilagineux ; 11° le tissu fibreux ; 12° le tissu fibro-cartilagineux · 13° le tissu musculaire de la vie animale ; 14° le tissu musculaire de la vie organique ; 15° le tissu muqueux ; 16° le tissu séreux ; 17° le tissu synovial ; 18° le tissu glanduleux ; 19° le tissu dermoïde ; 20° le tissu épidermoïde ; 21° le tissu pileux.

Il est évident, d'après ce que nous avons dit plus haut, que les six tissus suivants de Bichat rentrent dans les 15 espèces légales.

Savoir : 1° le veineux ; 2° celui des vaisseaux exhalants ; 3° le fibro-cartilagineux ; 4° le musculaire de la vie organique ; 5° le médullaire ; 6° le pileux, qui sont des tissus passifs ou des modifications des 15 espèces de tissus simples.

Si Bichat avait su comprendre les passivités et les activités, il n'aurait pas admis vingt et un tissus simples.

Depuis Bichat, on a proposé, dit notre savant anatomiste et célèbre chirurgien, M. le professeur Jules Cloquet, dans le dictionnaire étymologique, une nouvelle classification des tissus en treize systèmes.

Voici cette classification, savoir :

1° Le système cellulaire ; 2° le système adipeux ; 3° le système vasculaire, qui comprend, dit-on, les artères, les veines et les vaisseaux lymphatiques ; 4° le système nerveux ; 5° le système osseux ; 6° le système fibreux, qui comprend les systèmes dermoïde et fibro-cartilagineux ; 7° le système cartilagineux ; 8° le système musculaire ; 9° le système érectile ; 10° le système muqueux ; 11° le système séreux et synovial ; 12° le système corné ou épidermique ; 13° le système parenchymateux ou glandulaire.

Examinons : d'abord le mot système ne peut remplacer le mot tissu, le mot système ne pouvant servir qu'à désigner l'ensemble des organes analogues qui tiennent du même tissu ; ainsi, on doit dire : le système musculaire qui renferme alors tous les muscles qui sont tous formés, dans leur partie charnue, de tissu musculaire.

Cette classification arbitraire a été faite sans consulter aucune loi ; il existe évidemment une grande confusion dans ces treize systèmes. Ici on doit supprimer et ajouter : ainsi, le système adipeux, en le débarrassant de la graisse, est le tissu cellulaire actif ; le système lymphatique est un tissu particulier; le système dermoïde (1) est un tissu à part, du tissu fibro-cartilagineux, qui est lui-même une modification de tissu; le système érectile (2) n'est qu'une modification du tissu capillaire, qui lui-même est une modification du tissu vasculaire; le système synovial, dont la membrane du blanc de l'œuf est une modification, est un tissu bien séparé du tissu séreux.

Ainsi, cette classification en treize systèmes est bien moins vraie que celle du savant Bichat, qui nous a véritablement ouvert la voie de la vérité.

Enfin, sans consulter la loi des Nombres, les différentes classifications des tissus que l'on pourrait faire, seraient toutes aussi arbitraires que les deux dont nous venons de parler.

Voyons maintenant le nombre d'espèces de tissus qui se sont établis dans la loi des Nombres.

Le père, la substance active, est 30; la mère, la substance passive, est 30; ces deux éléments reproducteurs fournissant par moitié au fils produit, le fils est $15 + 15 = 30$.

La loi des tissus est donc 15 espèces, ou 15 actifs et 15 passifs; ce que nos études sur le métisme ont démontré définitivement. Il est maintenant acquis à la science que la loi des Nombres fait découvrir 15 espèces de tissus, 15 actifs et 15 passifs, ou 30 tissus simples qui, se modifiant dans la loi d'accord qui est 3, offrent $30 \times 3 = 90$ modifications : 45 modifications actives et 45 modifications passives.

____

(1) Le mot dermoïde est une mauvaise expression, il est mieux de dire dermeux.

(2) Le système érectile a été proposé comme tissu simple par Dupuytren et Rullier, qui étaient loin de connaître la loi des Nombres.

Voici la table des 15 espèces de tissus :

<table>
<tr><td rowspan="15">Les quinze espèces de tissus de l'homme individu.</td><td>1re espèce</td><td>le tissu</td><td>cellulo-corné (1).</td></tr>
<tr><td>2e espèce</td><td>le tissu</td><td>cellulaire.</td></tr>
<tr><td>3e espèce</td><td>le tissu</td><td>glanduleux.</td></tr>
<tr><td>4e espèce</td><td>le tissu</td><td>muqueux.</td></tr>
<tr><td>5e espèce</td><td>le tissu</td><td>synovial.</td></tr>
<tr><td>6e espèce</td><td>le tissu</td><td>séreux.</td></tr>
<tr><td>7e espèce</td><td>le tissu</td><td>lymphatique.</td></tr>
<tr><td>8e espèce</td><td>le tissu</td><td>nerveux organique.</td></tr>
<tr><td>9e espèce</td><td>le tissu</td><td>nerveux de relation.</td></tr>
<tr><td>10e espèce</td><td>le tissu</td><td>vasculaire.</td></tr>
<tr><td>11e espèce</td><td>le tissu</td><td>musculaire.</td></tr>
<tr><td>12e espèce</td><td>le tissu</td><td>dermeux.</td></tr>
<tr><td>13e espèce</td><td>le tissu</td><td>fibreux.</td></tr>
<tr><td>14e espèce</td><td>le tissu</td><td>cartilagineux.</td></tr>
<tr><td>15e espèce</td><td>le tissu</td><td>cartilagino-osseux.</td></tr>
</table>

Dans cette détermination des 15 espèces de tissus, nous pensons avoir fait le mieux possible, avec notre habitude et nos connaissances antérieures. Cette étude commence à peine et elle a déjà un corps. Plus tard, par le calcul des points d'incarnation, on pourra certainement la perfectionner d'une manière radicale.

Chacune de ces 15 espèces de tissus offre un tissu actif et un tissu passif, qui se modifient chacun par 3. Ce qui fait 6 modifications par espèce ; et comme il y a 15 espèces de tissus, cela fait $6 \times 15 = 90$ modifications de tissus.

(1) Nous avons examiné au microscope le tissu cellulo-corné des ongles, des cornes et de l'épiderme, etc. Nous l'avons trouvé entièrement formé de cellules, que nous avons pu constater en humectant des raclures fines. Notre examen comparatif avec le mucus nous fait dire que Vauquelin a eu raison d'avancer que l'épiderme, etc., n'était que du mucus durci ; il eût dû ajouter : accompagné de tels ou tels principes chimiques suivant les parties.

Voilà le résultat certain de notre diagnose des tissus, dont nous verrons par la suite toute l'importance.

Nous ne saurions entrer dans de plus grands détails, car nous ferions alors de la spécialité anatomique ; et ce travail doit conserver son caractère encyclopédique.

Nous citerons cependant Bichat, dont les travaux sur les tissus appuient ce que nous avons dit quant aux modifications de tissus que nous ne comprenons pas comme assemblage, mais comme modifications fractionnaires. Car les tissus forment les organes par assemblage, juxtaposition, etc., et les modifications dont nous parlons se révèlent au contraire dans l'exemple du tissu érectile qui est modification.

Citons donc Bichat : « Ce sont autant de machines (les organes) particulières dans la machine générale qui constitue l'individu. Or, ces machines particulières sont elles-mêmes formées par plusieurs tissus de nature très-différente, et qui forment véritablement les éléments de ces organes. La chimie a ses corps simples qui forment, par les combinaisons diverses dont ils sont susceptibles, les corps composés : tels sont le calorique, la lumière, l'hydrogène, l'oxygène, le carbone, l'azote, le phosphore, etc. ; de même l'anatomie a ses tissus simples qui, par leurs combinaisons quatre à quatre, six à six, huit à huit, etc., forment les organes. »

Ainsi, les travaux de Bichat viennent affirmer que les tissus simples jouent dans la constitution des organes le rôle des corps simples, en formant des assemblages qu'il nomme combinaisons, comme s'il prévoyait que la force vitale y est pour quelque chose. Il est évident que cela ne pourrait se faire sans la communion des tissus actifs et passifs.

Laissons cela ; nous sommes actuellement maître d'un

grand fait, c'est qu'il existe 15 espèces de tissus ou 30 tissus simples, 15 actifs et 15 passifs, qui, multipliés par 3, donnent 90 modifications de tissus pour l'homme individu, c'est-à-dire 45 modifications actives et 45 modifications passives.

Ce que nous venons d'exposer fait concevoir combien la génération spontanée est pauvre, avec son attraction, devant cette loi des Nombres qui distribue l'ordre dans la genèse et la reproduction tissulaires, comme elle le répand partout. Tout cela démontre la réalité de l'antériorité de la loi à toute genèse, à toute reproduction, et que la loi existait en soi spirituelle avant d'être appliquée aux tissus déterminés.

Ces connaissances nous serviront dans le cours de notre travail. Passons maintenant à la partie chimique relative aux 15 espèces de tissus.

Partie chimique relative aux 15 espèces de tissus.

La philosophie n'est point satisfaite, car la plus grande obscurité plane encore sur le passé, le présent et l'avenir de l'homme, sur son origine animale, sur l'avenir de l'âme humaine.

Qu'est-ce que l'homme, d'où vient l'homme, où va l'homme? Qu'est-ce que l'animal, d'où vient l'animal, où va l'animal? Qu'est-ce que le végétal, d'où vient le végétal, où va le végétal? Qu'est-ce que le corps simple, d'où vient le corps simple, où va le corps simple? Qu'est-ce que la matière, d'où vient la matière, où va la matière? Qu'est-ce que l'âme, d'où vient l'âme où va l'âme?

Nous avons démontré, dans nos travaux successifs, que l'homme, âme organique et corps, provenait de la matière; que la matière était la source de l'âme organique et du corps, parce qu'elle provenait elle-même de la substance-principe spirituelle attribuée à la genèse et harmonisée dans les Nombres avec l'esprit légal du Créateur; que la matière était la première détermination des accords d'harmonie du principe et de la substance spirituels attribués aux espèces.

Que tous les êtres inorganisés et organisés sortent, par équations doubles de leurs accords, de la matière, comme des embryons d'une mère commune, ils sont des manifestations des Nombres d'accords spirituels fractionnaires de la substance principe spirituelle en passant par la stase de la matière.

L'état déterminé, organisé, peut donc revenir à l'état spirituel, l'équation simple peut se dégager de l'équation double, l'âme spirituelle peut se dégager de l'âme organique qui est réellement sa détermination.

Si ce que nous venons de dire n'est pas la plus exacte vérité, il faut l'intervention immédiate de Dieu dans toutes les reproductions. Dieu éprouverait alors le supplice des Danaïdes, son travail ne finirait jamais et la loi d'harmonie n'existerait pas, ne serait pas donnée, et sans loi donnée, l'homme malheureux, ignorant qu'il possède un libre arbitre, peut insulter Dieu de reproches !

Nous avons eu le bonheur de faire sortir l'école française de la période méthodiste, c'est un grand événement ! nous avons eu la faveur de l'élever jusqu'à la période religieuse par la révélation de là loi divine d'harmonie, c'est un bien grand résultat !

Le fruit sans doute était mûr, nous avons su le cueillir; les évolutions arrivent à leur temps, c'est la loi ! Dieuesprit n'y est pour rien, dans le moment, car la loi est donnée; tout fonctionne, tout se fait, tout se reproduit, tout s'exécute dans la loi donnée, parce que l'esprit légal qui a fait la loi a tout prévu; la loi embrasse tout : passé, présent, avenir !

La découverte de la loi divine a rendu la science majeure, par cela même que nous connaissons tous les nombres sacrés, légaux, primordiaux de la genèse, que l'on ne peut ni toucher ni changer.

L'amour de la sagesse légale, la philosophie, conduira l'homme à la connaissance entière de la physiologie religieuse matérielle et spirituelle, qui peut maintenant se développer dans les époques, et la science qui ne s'élèverait pas jusqu'à Dieu n'aurait aucun but humanitaire.

En dehors de la loi d'harmonie, les lois arbitraires de la science, faites par l'homme, ne sauraient franchir jamais le terre à terre des petits moyens civils et des petites industries sociales, d'où naît le matérialisme le plus abject de la satisfaction de tous les goûts et de tous les instincts par la volonté humaine insurgée dans toutes les actions de l'homme, au mépris des règlements faits arbitrairement pour ses mœurs.

Fortifier l'homme dans la sagesse légale est le but grandiose de la science.

Si la philosophie, l'esprit de sagesse, conduit l'homme à la vérité légale, c'est que les moyens dont il se sert pour obtenir des notions justes sur son individualité concourent, avec ceux qu'il emploie pour connaître l'univers, à lui faire découvrir et à lui faire dévoiler la physiologie religieuse, c'est-à-dire, appuyée sur la loi divine, des êtres élémentaires à Dieu.

Aussi, l'anatomie, la zoologie, l'anthropologie, l'ethnologie, l'alliologie ou science des alliances, la physiologie physique et métaphysique, la physiométrie, la paléontologie, la géologie, la linguistique, l'archéologie, l'histoire, l'astronomie, la géographie, la physique, la chimie, les cosmogonies, les doctrines philosophiques et religieuses, les mœurs naturelles, les migrations, doivent être étudiées avec le plus grand soin, afin d'approfondir la physiologie universelle, sacrée ou légale, et lui enlever tous ses voiles, la loi divine d'harmonie présidant à tous les faits de la nature.

Nous avons traversé des temps où l'orgueil de l'homme individuel, ignorant son origine relative, le portait à se faire adorer. Il s'est vu chef, il s'est cru dieu ; c'était une mode pendant un temps, dans une antiquité connue, de se faire dieu.

L'homme se voyant l'être le plus intelligent de sa planète se prenait à se croire qu'il était un dieu ; les faibles et les ignorants divinisaient les forts et les savants.

Si la civilisation s'est faite par cela même très-lentement, c'est que l'esprit humain n'avait point encore découvert la seule boussole de l'humanité, la loi divine de la genèse, qui distribue l'harmonie dans l'esprit comme dans la matière. L'esprit humain incertain rattachait sa vénération sur le chef ; le peu de science que l'homme avait pu recueillir étant arbitraire dans l'idée légale, tout était arbitraire jusqu'à l'orgueil de l'homme, qu'il confondait avec la dignité. La vénération naturelle chez l'homme a tout divinisé, du caillou brillant au chef politique ou guerrier, la caste a divinisé ses grands prêtres, la secte a divinisé son chef, on a divinisé Platon, le philosophe lui-même était fait dieu.

Voilà ce qui a paralysé la civilisation, car le libre examen était alors impossible, et sans liberté l'esprit humain s'éteint comme une lampe qui manque d'huile.

C'est alors que l'homme descend dans son intérieur organique par la dissection des chairs, et qu'il analyse ses tissus par les procédés de la chimie, qu'il découvre et qu'il proclame avoir la même origine que celle des animaux, car les organes sont plus ou moins semblables, les tissus qui les forment sont plus ou moins analogues, les actes physiologiques sont plus ou moins pareils chez lui et chez les animaux supérieurs. On ne peut donc pas plus adorer l'homme que l'animal, quelle que soit la supériorité spirituelle de l'homme.

C'est précisément à cause de cette similitude organique que nous prenons l'homme comme type de l'étude chimique des tissus.

Les tissus de l'homme et les tissus des animaux sont dans les rapports de leurs Nombres-Forces.

Nous avons dit que l'homme avait 15 espèces de tissus ou 15 actifs et 15 passifs, c'est-à-dire 30 tissus simples, qui, se multipliant par 3 modifications, donnaient $30 \times 3 = 90$ modifications de tissus.

Pour rechercher les corps simples constituant les tissus de l'homme, on doit envisager ces tissus dans l'œuf humain de la genèse, ou dans l'œuf humain de la reproduction.

Comme il n'y a que le chorion dans le nombre des membranes de l'œuf humain qui soit réellement une membrane enveloppante et séparée du fœtus, et qui forme tissu à part avec la caduque, nous dirons donc 16 espèces de tissus multipliant 15 corps simples = 240 fractions des 15 corps simples constituants, et 240 divisé par 15 donne au quotient 16.

Pourquoi donc 16 espèces de tissus? Parce qu'il y a 15 espèces de tissus intérieurs à l'embryon et une espèce de tissu pour l'envelopper : c'est le chorion et la caduque, car l'amnios est une séreuse-muqueuse qui se continue avec le corps muqueux de la peau.

Pourquoi donc 15 corps simples ? C'est que nous avons recherché dans tous les tissus et tous les liquides de l'homme, et que nous n'y avons découvert que 15 corps simples dont un reste inconnu, savoir :

ÉQUATION des quinze corps simples constituant les quinze espèces de tissus et leurs modifications par quantités proportionnelles.			
	1er corps simple......	l'oxygène.	corps actifs
	2e corps simple......	le soufre.	
	3e corps simple......	l'azote.	
	4e corps simple......	le chlore.	
	5e corps simple......	le phosphore.	
	6e corps simple......	le carbone.	
	7e corps simple......	l'hydrogène.	
	8e corps simple......	le fer. (1)	
	9e corps simple......	le manganèse.	corps passifs
	10e corps simple......	inconnu.	
	11e corps simple......	l'aluminium.	
	12e corps simple......	le magnésium.	
	13e corps simple......	le calcium.	
	14e corps simple......	le sodium.	
	15e corps simple......	le potassium.	

Nous pensons que le fluor, le titane et le silicium, découverts dans les tissus, sont des corps étrangers à l'équation.

Beaucoup de corps solubles et de corps insolubles, tels que la garance, peuvent pénétrer dans les tissus et s'y fixer (2) ; ils devraient prendre le nom de corps étrangers à l'équation.

Il doit y avoir un corps inconnu qui ne peut être ni le fluor, ni le titane, ni le silicium, puisque le membre

(1) Le fer serait-il le corps équationnel et d'équilibration chez l'homme ?

(2) S'y fixer : comme l'a démontré M. Flourens, pour la garance, dans ses études sur la réformation des os.

supérieur de l'équation chimique est complet dans ses corps actifs.

Ou alors ce ne serait pas le fer qui serait le corps équationnel ou central de l'équation, ce serait l'hydrogène, et le silicium rentrerait en ligne, après le carbone et avant l'hydrogène, et tout serait complet.

Cependant, si le fer est le corps équationnel du globe terrestre, comme nous pensons l'avoir découvert et exprimé dans notre table de la genèse matériale, il devrait aussi l'être pour l'homme et les animaux, qui doivent avoir le même pendule que le globe. Il faudra étudier exactement cela ; c'est de la plus haute importance.

Au reste, on ne pourra rien faire de plus parfait que ce que nous faisons nous-même sur l'équation des 15 corps simples constituants des tissus de l'homme, avant que les chimistes aient complété les 24 corps simples qui manquent dans l'équation de 89 corps simples de la nature, indiqués dans notre table de la genèse matériale.

Les tissus doivent être considérés comme surface de la force passive et active, d'où leur Nombre-Forces est 43,200 toujours à l'origine de l'œuf fécondé ; or, le nombre 43,200, divisé par 240, donne pour quotient 180 qui devient le rapport légal à soustraire de 43,200, car 240 fois 180 = 43,200. Les 16 tissus représentent donc 16 fois 15, nombres proportionnels fractionnaires des 15 corps simples ; voilà les moyens d'établir la table gigantesque de la genèse des tissus. Plus tard on pourra l'imprimer.

Quoi qu'il en soit, il ressort de cet exposé qu'il y a unité de composition dans les 15 espèces de tissus de l'homme, car tous les tissus contiennent les 15 mêmes corps simples ; seulement ils les contiennent dans des nombres différents, mais proportionnels dans l'équation de genèse.

La chimie, par ses analyses, ne peut pénétrer tous les secrets de la nature ; il y a un moment où les réactifs deviennent impuissants à révéler des quantités très-inférieures, très-cachées.

Il est évident que sans la généralisation physiologique, il serait impossible de sonder le mystère de l'incarnation animale ; mais aussi sans la chimie la physiologie des actes intimes de constitution des tissus eût été impossible, car il faut en tout des jalons.

Comme tous les tissus sont constitués des mêmes corps simples (1), en quantités proportionnelles et progressionnelles, il s'ensuit qu'ils possèdent tous les mêmes facultés dans une relation exacte, avec leurs quantités constituantes.

Ils ont tous la faculté d'être organiques, d'être sensibles, d'être contractiles.

Ce que l'on pourrait mieux faire comprendre en disant : que chaque tissu possède en lui-même, proportionnellement, la qualité des nerfs organiques, des nerfs sensibles, des nerfs contractiles, dans une activité progressionnelle, suivant leur constitution élémentaire.

Voici certainement des faits de la plus haute importance. Il existe 15 espèces de tissus, dans une unité de constitution fondée sur des quantités proportionnelles et progressionnelles des 15 mêmes corps simples. Ce chapitre peut aider la chimie, et si l'on voulait suivre la voie des Vauquelin, des Fourcroy et des Thénard, en abandonnant un peu la chimie industrielle, on pourrait arri-

(1) Nous disons ici en passant, et cela n'a pas de rapport avec notre sujet, qu'il doit exister des corps fractionnaires des corps simples ; chaque corps simple doit avoir ses corps fractionnaires et nous pensons en connaître ; cela est très-important pour la chimie.

ver à donner l'équation complète des tissus dans leurs 15 corps constituants.

Les animaux étant fractionnaires de l'homme, les tissus des animaux sont fractionnaires des tissus de l'homme ; ces fractions sont exprimées par le calcul qui découle de leurs Nombres-Forces, nous l'avons exécuté pour l'homme d'après son Nombre-Forces 43,200.

Des sociétés scientifiques ont déjà commencé à poursuivre nos propres travaux sur l'homme collectif, c'est très-bien ; mais nous désirons ardemment qu'elles ne parodient pas les copistes de l'antiquité, qui, changeant le texte ou variant les expressions, ont dénaturé les connaissances réelles des anciens.

Il est utile de conserver la lettre, le mot ; une expression différente, dans la chose parfaitement étudiée, peut reculer l'esprit humain jusqu'à une période précédente : qu'elles comprennent bien cela.

Ainsi, pour les tissus des animaux, relativement aux tissus de l'homme, si on disait *diviseurs* au lieu de dire *fractionnaires*, ce serait une erreur qui perdrait notre étude ; il en est de même si le copiste mettait le mot *série* au lieu de *progression*, il ferait reculer l'école à la période méthodiste.

Il existe des espèces qui jouent, dans les progressions spécifiques et entre ces progressions, en quelque sorte, le rôle du dièze ou du bémol des gammes de musique ; le flammant en est un curieux exemple.

Le mot série n'est pas mathématique, il n'exprime pas le fait véritable de la nature qui est l'exposition des espèces symboliques des Nombres-Forces, progressionnels et proportionnels, comme ces espèces symboliques qui les représentent.

Marchez donc vers la vérité légale, ne tolérez donc au-

cune erreur, aucun charlatanisme de secte et de méthode;
la loi divine d'harmonie, malgré les réactions et les coa-
litions des volontés humaines, donnera à l'esprit humain la liberté légale, la divine liberté!

Partie anatomo-physiologique relative aux quinze espèces de tissus.

Lorsque vous entrez dans un musée d'anatomie, jeunes
élèves, découvrez-vous et regardez avec recueillement
tous ces chefs-d'œuvre de la loi du Créateur.

A la vue de ces tissus disposés en organes et en systèmes symétriques, dont l'ensemble constitue le corps de
l'homme ou celui des animaux, exclamez que ces merveilles ne se sont pas plus faites d'elles-mêmes que la
voiture qui vous a conduits en ces lieux respectables des
travaux de l'anatomiste.

Jetez aussi un regard en vous-mêmes, et vous sentirez
que vous n'êtes pas le fruit du hasard.

Portez encore votre regard dans la profondeur des
temps, et vous comprendrez qu'il y a eu une origine et
un passé, s'il y a un présent, et que s'il existe un présent, il y a aussi un avenir pour l'homme!

Apprenez à connaître la loi de filiation, et l'état passa-
ger de la mort n'aura plus pour vous, remplis dès l'enfance de la sauvage éducation de sa crainte, son aspect
terrible : le néant n'est pas, le déterminé se transforme
et transmigre. Sachez tout cela et vous pourrez rester seuls,
pendant les longues soirées sombres de nos hivers, dans

nos salles de dissection où sont travaillés de nombreux cadavres , sans éprouver aucun frisson ou la moindre terreur, et vous étudierez en paix ces pelotons de squelettes humains, de nos collections, sans ressentir autre chose que le dégoût qu'inspirent les vices animaux qui sont peints sur leurs faces osseuses!

Quand vous aurez disséqué les quinze espèces de tissus simples de l'homme, que vous aurez retrouvé par les moyens de la chimie, dans la totalité de l'homme, seulement quinze corps simples formateurs de tous ses tissus, vous pourrez dire avec sécurité que les qualités particulières à chacune des 90 modifications des tissus, tiennent aux proportions respectives des quantités des quinze corps simples constituants que vous aurez constatés.

Vous tiendrez compte également des fluides organisants qui les distribuent proportionnellement suivant chaque tissu.

Les tissus ne sont pas des plaques d'albumine grasse plus ou moins saturée de sels ; *ils sont vivants* dans l'équation de leurs parties constituantes passives et actives spirituelles, et ils présentent une texture dans les organes.

Ils ont reçu le nom de tissus de ce qu'ils offrent pour la plupart un certain travail d'organisation intérieur que l'on a comparé à celui des tissus de l'industrie, bien qu'ils en diffèrent essentiellement.

La cellule est l'élément composant des tissus sans fibres, tels que : le cellulo-corné, l'adipeux, le cellulaire, le séreux, le synovial, le glanduleux, le muqueux, le nerveux organique ; la cellule est l'élément composant de la fibre des tissus composés de fibres, tels que : le lymphatique, le nerveux de relation, le vasculaire, le musculaire, le dermeux, le fibreux, le cartilagineux, le cartilagino-osseux.

La cellule est une sorte de cristallisation sphéroïde de l'albumine et de ses dérivés albuminoïdes.

La fibre est une cellule allongée ou une succession de cellules, ou un tube formé de cellules dont les parois se sont résorbées.

La cellule fait loi dans la formation des tissus et des organes ; et, depuis la peau jusqu'à l'estomac, depuis la dure-mère jusqu'au péritoine, depuis la sclérotique jusqu'à la tunique vaginale, c'est toujours la cellule plus ou moins développée, plus ou moins déformée et dont les parois se sont agrandies par la génération, ou de nombreuses cellules, ou de nombreuses fibres composantes.

Puisqu'il existe 90 modifications de tissus, il existe donc 90 modifications des cellules.

C'est précisément de ce que la cellule, prise généralement, est l'élément formateur des tissus, que les cellules mêmes font sporules ou graines dans la formation des bourgeons et des racines chez les plantes, et qu'elles peuvent reproduire certains appendices détruits chez les animaux très-rudimentaires, qui n'ont que trois ou six tissus sous la sollicitation de l'équation des fluides organiques ;

Qu'elles produisent la greffe, à l'aide de la séve, chez les plantes supérieures, et que certaines parties presque détachées des animaux se cicatrisent pour compléter leur équation animale.

La cellule présente-t-elle des fibres dans sa constitution physique? Nous n'avons point pu distinguer de fibres au microscope, et nous avons vu des cellules imperceptibles à l'œil nu devenir de 30 centimètres de diamètre.

Seulement, au microscope de grande dimension tout se

dérange ou s'efface dans les détails sous le regard de l'observateur.

Si l'on veut relire notre travail sur la genèse cellulaire, dans la *Morphogénie*, et consulter la planche 7, on pourra constater certains faisceaux circulaires dans certaines cellules (1); nous pensons que ces faisceaux ne sont que des parties plus denses d'albumine, tracées par des courants organiques.

Dans la membrane de la coquille, ce chorion de l'œuf des oiseaux, situé sous la coquille et qui ne la forme pas, car la coquille est sécrétée par une membrane extérieure à cette couche de carbonate calcaire; dans la membrane, chorion de l'œuf des oiseaux, qui est une véritable cellule composée spécialement de granules celluleux ou de petites cellules, nous avons remarqué, dans la nappe celluleuse de cette membrane, des cordons de cellules plus transparentes, formant comme des embranchements; ce sont ces rameaux celluleux que nous appelons *les nerfs organiques* de cette membrane. Nous avons rencontré le même fait dans les cotylédons des graines. Cela est un fait important, car chez l'embryon à son commencement et dans les organes qui manquent de filets organiques, ce seraient des colonnes de cellules particulières, formant des embranchements, suivant l'organe, qui distribueraient et régulariseraient la vie organique, en conduisant les courants des fluides organiques, d'où naissent la force organisante, la force vitale, l'âme organique.

Le Nombre-Forces de l'homme étant le nombre central des Nombres-Forces des autres animaux, dans la grande

---

(1) Les cellules, qui, par leur développement, doivent former des membranes, ont des parois propres à devenir celluleuses ou fibreuses, suivant le rôle qu'elles sont appelées à jouer dans l'économie animale.

équation des Nombres-Forces fractionnaires de la genèse, l'homme étant le type intermédiaire entre les grands et les petits animaux, parce que son Nombre-Forces est le nœud vital de l'équation de genèse, les autres animaux étant les fractions, tout ce qui tient aux tissus, aux cellules, aux organes, est dans le même rapport entre lui et les animaux fractionnaires.

Mais la cellule qu'est-elle? La cellule prise généralement est le produit d'une substance passive formée des quinze corps simples, dont nous avons donné la liste, en quantités proportionnelles, suivant les tissus qu'elle est appelée à constituer, et d'une substance active qui se dévoile sous forme de courants nerveux organiques en quantités proportionnelles, suivant les tissus à organiser dans la loi légitime des Nombres.

Si les cellules des 90 modifications de tissus offrent en elles-mêmes les mêmes éléments constituants en quantités proportionnelles, suivant les tissus que les cellules doivent former, tous les tissus offrent, en eux-mêmes, les mêmes qualités, mais proportionnellement à leur formation, d'où le tissu, comme la cellule, possède proportionnellement la faculté d'être nerveux organique, nerveux sensible, nerveux contractile.

Il faut considérer ces qualités importantes dans l'activité propre physiologique de la cellule ou du tissu.

La tonique de la cellule ou du tissu dérive de ces trois qualités.

Il y a un type fixe, équationnel, de tonalité de tissu pour chaque tissu, et cette tonalité proportionnelle à la constitution du tissu, nous l'appelons la tonique.

Chez l'embryon, les points d'incarnation sont de 480 par tissu, car il existe 90 modifications de tissus, et $480 \times$

90 $=$ 43,200, le Nombre-Forces de l'homme embryonnaire.

Ce que nous venons de dire, pose une des questions fondamentales du phénomène ou de l'acte de la douleur, fondé sur la sensibilité.

Car ce phénomène intime repose en partie sur ce point : Y a-t-il dans la cellule, dans la fibre, dans le tissu de l'organe en général, une tonalité nerveuse fixe, équationnelle dans la gamme de la sensibilité? Cette tonalité est-elle proportionnelle dans chaque tissu? Oui! Sans cette propriété qualitative qui naît des Nombres proportionnels des éléments constituants, l'animal ne pourrait recevoir aucune impression extérieure ou intérieure ; il n'aurait aucune perception, aucune sensation, le moi n'existerait pas chez lui, pas plus que la connaissance du toi, et le jugement, ce contrôle des perceptions unifiées en idées, ne pourrait se produire, ainsi que la raison, qui est l'expression, la traduction mathématique du jugement, quel qu'il soit, bon ou mauvais; l'homme resterait muet dans sa parole et ses mouvements négatifs ou approbatifs.

Nous sommes bien loin de la génération spontanée, pour laquelle les faits et les actes montrent sans cesse une si grande répulsion ; c'est que la substance-principe spirituelle ne peut pas abdiquer sa gloire en faveur du hasard, du destin, de la fatalité et de la volonté humaine. Le chaos lui fait horreur, et la génération spontanée, cette invention de l'homme ignorant la loi, ressort de l'idée païenne du chaos ; il n'y a jamais eu de chaos !

La tonalité fixe équationnelle de tissu, que nous nommons la tonique, est !

Les tissus et le métisme.

Tout le monde connait l'effet produit dans la science par notre mémoire sur le métisme animal chez les espèces humaines, prises comme type d'étude du mé·tisme chez les animaux. Avant son apparition, il semblait que tout avait été dit sur cette question si importante, et voilà que notre livre sur le métisme ouvre à l'esprit humain une foule de voies sûres, nouvelles, inattendues et mathématiques ; l'idée engourdie dans le naturalisme vétérinaire fut réveillée, maintenant elle se remue et fermente !

Au sujet de ce mémoire, nous remercions très-sincèrement toutes les personnes qui ont bien voulu nous dire de bonnes paroles, nous écrire des lettres pleines d'encouragements, ou nous envoyer leurs cartes ; nous n'oublierons jamais ceux qui se montrent bons pour nos travaux pénibles.

Notre table de la genèse matériale, qui a suivi cette publication sur le métisme, pourrait toujours être modifiée comme toutes les ébauches, si elle présentait plus tard quelque imperfection.

Il n'en est pas moins vrai que cette table, telle qu'elle est, ouvre à l'esprit philosophique une voie nouvelle, celle des grandes équations complexes de la genèse.

C'est un modèle auquel, il faut bien le dire, rien dans ce qui a été fait ne peut être comparé (1). Dans toute

____

(1) Notre table de la genèse matériale a eu la faveur de remuer les esprits, et si les uns nient, les autres affirment. Il faut donc l'améliorer ou la remplacer par une autre.

étude, il y a d'abord les faits connus, présents; viennent ensuite les faits éloignés, obscurs, que l'on déduit des faits connus.

Puis il y a la méthode d'étude qui s'appuie sur des lois arbitraires ou sur la loi naturelle, pour connaître les faits.

Enfin vient la démonstration des faits qui doit reposer sur la loi même.

Rentrons dans notre sujet.

Le métis du premier degré est le résultat du mariage de deux espèces pures différentes, d'une même progression spécifique. Nous n'avons pas à nous occuper des 14 autres degrés de métisme, cela embrouillerait la question, et la déduction sera facile pour les 14 autres degrés quand on connaîtra bien ce qui se passe dans le premier degré.

Le métisme est l'effet du mélange par moitié des éléments organisables et des éléments organisants de deux espèces pures différentes d'une même progression spécifique.

Maintenant que nous avons bien apprécié ce fait, nous sommes en présence des quinze espèces de cellules, qui forment les quinze espèces de tissus.

Dans chacune des deux espèces pures, les quinze espèces de cellules ont une constitution élémentaire particulière à l'espèce. Dans le fils-métis, les quinze espèces de cellules ont une constitution élémenta're qui tient par moitié des deux espèces pures différentes, père et mère qui l'ont produit.

Les quinze espèces de cellules chez les métis sont donc modifiées par moitié par chaque espèce paternelle et maternelle.

Il résulte que les cellules étant modifiées par moitie, chez le métis du premier degré, c'est-à-dire que, tenant des matériaux constituants de deux espèces pures différentes qui fournissent par moitié dans la génération, les tissus du fils-métis qui proviennent de l'assemblage organisé de ces cellules, seront dans les mêmes conditions que leurs cellules composantes.

Voilà en quoi les tissus ont des rapports avec le métisme.

Mais il y a aussi les fluides organiques chez le métis. Ces fluides qui donnent la force organisante seront aussi moitié du père et moitié de la mère ; ils seront métis comme les tissus ; il y a des âmes organiques métisses.

Ces considérations sont fort importantes, car il ne faut pas seulement voir le métisme dans les hiéroglyphes et les apparences extérieures. Le métisme part du fond de la constitution élémentaire, dans la génération même, le métisme est intime à la cellule, à la fibre, au tissu, à l'organe, aux matériaux constituants de l'œuf et de l'embryon, et la coloration des chairs dans les espèces humaines suit la même voie.

Alors nous ne pourrons plus dire avec Richerand que le soleil a produit les variétés humaines : la coloration des chairs ne peut dépendre de l'action intercurrente du soleil.

Les actes intimes s'évanouissent quelquefois sous l'action des rayons solaires les plus ardents, lorsque tous les addents intérieurs propres à la vie intime ne sont pas présents chez l'individu ou chez les reproducteurs.

Les nègres blancs ou albinos en sont des preuves, et ce ne sont pas des blancs comme nous l'entendons.

Nous ne pouvons pas nous étendre davantage sur ce sujet, qui est accessoire dans ce travail et dont nous parlons pour ne rien oublier.

Cependant nous dirons que tout vient d'abord pour le

fils : de la mère et du père, depuis la genèse et par filiation ; que les rayons du soleil n'y sont pour rien ; que le soleil est propre à l'homme et aux animaux qu'il n'a point fait varier. Sans de justes proportions, dans l'intensité de ses rayons, les hommes et les animaux deviennent malades ou meurent.

La nourriture, cette seconde mère pour l'homme et les animaux, peut, si elle n'est pas physiologique, modifier dans le cours des âges, conjointement avec la rareté des rayons solaires, les dimensions du corps et la couleur des poils des animaux, la peau restant la même. C'est en effet ce qui est arrivé pour l'homme blanc, qui offre toutes les couleurs de poils, ainsi que pour le cheval, qui a été si modifié dans ses crins, qu'ils présentent toutes les gammes de colorations; mais la peau est restée la même, noire, sous toutes les robes ; quelquefois cependant, l'albinisme de la peau suit ou accompagne le poil blanc, mais c'est l'albinisme, pas autre chose; chez l'homme le même fait se présente.

Toutes les dégradations obtenues par les activités ou les passivités contre nature ne peuvent aller jusqu'au changement du moule intérieur. Tout cela est maladie ou état anormal et monstrueux.

Si le soleil changeait la constitution intime des espèces, il produirait aussi des chairs métisses.

Nous avons souvent fait rire de bon cœur des nègres en leur disant sérieusement : « Mes amis, c'est le soleil qui vous a noirci la peau depuis l'origine du monde. Le soleil s'est approché trop près de votre pays? — Ah ! Monsieur, s'écriaient ils, nous sommes une autre sorte d'hommes que vous ; le soleil n'a jamais brûlé personne, car si on y restait trop longtemps on mourrait dans la fièvre et dans le délire ! — Oui, mais cela s'est fait peu à peu et adroitement. — Ne croyez pas cela, Monsieur, le nègre s'est toujours aussi fait respecter du soleil que le blanc, et il sait parfaitement se construire des huttes sous les ombrages ou dans les roches. »

Nous concluons de tout cela : que le métisme, intime dans la cellule et les tissus, est une preuve qu'il existe des espèces humaines différentes ; quinze espèces de cellules et quinze espèces de tissus par espèce humaine ; quinze espèces humaines patriarcales.

Les poids et les nombres arbitraires de l'homme en présence des Nombres sacrés de la Genèse.

Dans tous les temps, les hommes supérieurs ont sans cesse recherché la sagesse légale, et au milieu des cohortes barbares de l'antiquité, ces hommes privilégiés se sont réunis en castes sacerdotales ; les mœurs suivent les temps, la caste a eu son utilité sans doute et il faut le croire ; mais elle en a sérieusement abusé.

Les castes sacerdotales, en dehors des idoles païennes, des hiéroglyphes personnifiés de l'Égypte et des statues de dieux des Grecs, car Rome fut imitatrice, toutes choses qui avaient leur signification dans la représentation des éléments créateurs et des forces de la nature, les castes sacerdotales, disons-nous, ayant voulu écrire d'une manière ou d'une autre leurs connaissances, avaient aussi accordé des noms à leurs différentes divinités.

Nous avons cru reconnaître que ces noms donnaient, par une certaine combinaison ou une certaine valeur de chaque lettre, les Nombres sacrés que chaque divinité représentait ;

Mais que les prêtres égyptiens et assyriens procédaient

par triangulation de ces noms, tandis que les prêtres grecs calculaient en ligne droite.

Aussi, pour l'Égypte, isis était triangulée.

Ainsi : isis ce qui donnait 4321 10
isi   432   9
is   43   7
i   4   4

La substance-principe spirituelle 30

et osiris

Ainsi : osiris ce qui donnait 654321 21
osiri   65432   20
osir   6543   18
osi   654   15
os.   65   11
o   6   6

La substance déterminée 91

Il en était de même pour tous les noms des dieux ; c'est donc une étude à faire. C'est la triangulation de l'Abracadabra qui nous a fait découvrir ces moyens.

Quant aux prêtres grecs, ils procédaient tout autrement.

Aussi, Dieu n'étant compris que par sa détermination dans la nature, ils l'exprimaient ainsi, sous le nom de Jupiter :

J vaut 10
u vaut 400
p vaut 80
i vaut 10
t vaut 300
e vaut 5
r vaut 100

La substance-principe spirituelle déterminée, 905
La substance-principe spirituelle déterminée, 900
Force d'activité, 5

Il en est de même pour Prométhée, qui voulut, dit-on,
créer des hommes :

P	vaut	80
r	vaut	100
o	vaut	70
m	vaut	40
é	vaut	5
th	vaut	9
é	vaut	5
e	vaut	5

La substance-principe spirituelle indéterminée,   314

La substance-principe spirituelle indéterminée,   300

.Activité de genèse,   14 espèces humaines + lui, 15 espèces.

Prométhée ne pouvant engendrer par son propre nombre   314
a recours à Pallas, dont le nombre est,   342
Ils dérobent cette quantité de feu à Jupiter,   244

Jupiter, pour le punir, le détermine en ce
nombre . . . .   900 substance déterminée.

Mais Hercule, la force, va le délivrer.

C'est très-obscur, tout cela est voilé dans des légendes
poétiques, que nous ne connaissons qu'imparfaitement.
L'humanité ne saurait retirer que peu de chose de ces
idées des castes égoïstes; c'est tellement vrai que si nous
n'avions pas, par nous-même, découvert la loi des Nombres, toute la physiologie de l'antiquité serait lettre-morte!

Cependant, le nom de Jupiter, triangulé suivant la méthode égyptienne, fournit le nombre 144; en ajoutant
un zéro décimal, cela fait 1440, nombre du rapport entre
les quinze espèces humaines.

Nous n'avons parlé de ces faits que pour démontrer

que les anciens prêtres avaient de grandes connaissances physiologiques, qu'ils exprimaient chacun à leur manière suivant les pays.

Laissons cela.

Quant à nous, nous sommes particulièrement bien ignorant, malgré nos travaux assidus. Cependant au milieu de notre ignorance, nous ne confondrons pas les poids et les nombres artificiels imaginés par l'homme, pour fixer le plus possible ses connaissances, avec les nombres légaux de la nature.

Deux lois ont été exprimées par les chimistes pour se rendre compte de la combinaison des corps.

1° La loi des proportions multiples;

2° La loi des équivalents ou des nombres proportionnels.

Loi des proportions multiples.

Si les corps ont peu d'affinité, comme le sucre et l'eau, ils se combinent en un très-grand nombre de proportions.

Si au contraire ils ont beaucoup d'affinité, comme l'oxygène et le soufre, ils se combinent en un très-petit nombre de proportions et dans un rapport fixe.

Ainsi pour les corps formés de deux éléments, s'ils peuvent s'unir en diverses proportions, ces proportions seront constamment le produit de la multiplication par 1, 2, 3, 4 et plus rarement 5 de la quantité d'un corps, la quantité de l'autre corps restant toujours la même (1).

En sorte que

201,16 de soufre et 100 d'oxygène = l'acide hyposulfureux.

201,16 de soufre et 200 d'oxygène = l'acide sulfureux.

201,16 de soufre et 300 d'oxygène = l'acide sulfurique.

(1) Le corps qui joue le rôle de mâle peut varier en quantité, tandis que le corps ou les corps qui jouent le rôle de femelle ne varient pas de quantité dans les produits.

C'est-à-dire que la proportion de soufre restant la même, celle de l'oxygène est comme 1, 2, 3.

Il est des cas, à la vérité, où le rapport indiqué au lieu d'être 1, 2, 3, 5, est de 1 à 1, 1/2 ou de 2 à 3, de 4 à 5. Il est probable que cela vient de ce que l'on ne connaît pas tous les composés des corps que l'on examine. Nous citons ici Orfila.

Ces observations sont très-précieuses . certainement, mais pour obtenir les résultats de ces faits nous savons que l'on part d'un point complétement arbitraire.

Ainsi on est *convenu* de représenter par 100 le nombre proportionnel ou l'équivalent chimique de l'oxygène, et de comparer à ce chiffre les nombres proportionnels des autres corps; il a été *également convenu*, pour trancher toutes difficultés, que le nombre proportionnel d'un corps quelconque serait la quantité de ce corps en poids, qui, en se combinant avec 100 parties d'oxygène, donnerait naissance au premier oxyde.

Ainsi 791 de cuivre avec 100 parties d'oxygène forment 891 de protoxyde; le nombre proportionnel ou le poids du cuivre sera de 791.

On conçoit dès à présent les erreurs de physiologie de la chimie actuelle, qui ne peut servir que l'industrie humaine.

Nous devons à M. Gay-Lussac la loi *sur les volumes des gaz.*

Voilà cette loi :

Ici au lieu d'établir un rapport entre les poids fictifs des corps, on l'établit entre leurs volumes arbitraires.

100 pouces cubes d'azote s'unissent à 50 pouces cubes d'oxygène, pour former 100 pouces cubes de protoxyde d'azote.

100 pouces cubes d'azote s'unissent à 100 pouces cubes

d'oxygène et forment 200 pouces cubes de bioxyde d'azote.

100 pouces cubes d'azote s'unissent à 150 pouces cubes d'oxygène et donnent naissance à de l'acide hypo-azoteux.

Ainsi l'on part encore ici de deux points arbitraires, le pouce cube et le volume idéal.

Nous ne discutons pas ces faits pour détruire la gloire de savants tels que Gay-Lussac, bien au contraire, nous exposons leurs nobles efforts avec sincérité, et si nous les analysons, c'est que nous avons l'intention, tout en démontrant la profondeur de leurs applications, de faire ressortir ce que deviendrait la loi de la genèse, la loi des Nombres-Forces dans les mains de pareils athlètes.

D'ailleurs ces lois arbitraires ont rendu, dans leurs mains, les plus importants services à la science.

Pour notre travail, nous constatons qu'on a été forcé de partir de points arbitraires.

Loi des équivalents chimiques ou des nombres proportionnels appelés vulgairement proportions.

Si la loi des proportions multiples s'applique à des corps composés de deux éléments ou de deux corps composés qui sont toujours les mêmes, mais dans les proportions différentes, il n'en est pas ainsi de la loi des équivalents, qui se rapporte à la combinaison des corps simples ou des corps composés de différentes natures.

Je suppose, dit Orfila, que l'on ait déterminé par l'expérience que 791 de cuivre exigent 200 parties d'oxygène pour former l'oxyde de cuivre brun, et que l'on apprenne également, par l'expérience, que pour séparer les 200 parties d'oxygène combinées avec le cuivre il faille 400 parties de soufre ni plus ni moins, on dira : que ces 400 parties de soufre équivalent exactement à 200 parties d'oxygène;

c'est à ce rapprochement que l'on donne le nom de loi des équivalents.

Ce fait se remarque dans tous les composés dont la nature est bien définie.

Ainsi :		Equivalents	
Cuivre......	791	oxygène.... 200 =	oxyde de cuivre brun.
Cuivre......	791	soufre...... 400 =	sulfure de cuivre.
Calcium.....	512	oxygène.... 200 =	oxyde de calcium.
Calcium.....	512	soufre...... 400 =	sulfure de calcium.
Argent......	2703	oxygène.... 200 =	oxyde d'argent.
Argent......	2703	soufre...... 400 =	sulfure d'argent.

Il est aisé de voir que, partout, il faut 400 parties de soufre pour changer en sulfures des quantités de métal que 200 parties d'oxygène avaient transformées en oxydes.

Expliquons le mot parties de soufre, parties d'oxygène.

Les moyens de déterminer les équivalents chimiques sont de deux sortes.

La première méthode consiste à convenir, à admettre arbitrairement de représenter par 100 le nombre proportionnel ou l'équivalent chimique de l'oxygène, et de comparer à ce chiffre idéal les nombres proportionnels des autres corps, et comme pour trancher toute difficulté il avait été convenu que le nombre proportionnel de l'oxygène et que ceux des autres corps seraient considérés comme la quantité de ces corps en poids,

Le poids de la proportion du cuivre sera 791,390, si celui de l'oxygène est 100.

Tout cela est arbitraire et nous ne poursuivrons pas davantage.

Bien que ces connaissances fictives aient rendu à l'homme les plus grands services, on ne peut pas en rester là, en bonne conscience , car la physiologie chimique ne pourrait faire aucun progrès avec des nombres qui sont tous en discordance.

Une fois les vrais nombres naturels appliqués, la chimie fera des progrès inconnus.

Mais avec son bagage présent, elle ne peut pas avoir l'espoir d'aborder les grandes équations de la genèse; au reste elle n'y a jamais songé.

La physiologie légale vous dit : il y a sept vertèbres cervicales, douze dorsales, cinq lombaires, cinq sacrées et trois caudales chez l'homme; elle ne dit pas, en admettant que cela soit, il y aura 32 vertèbres.

Eh bien, toute la physiologie légale ressort d'elle-même des nombres exprimés par les espèces ou des calculs certains qui en découlent.

Lisez au reste ce livre pour vous convaincre. Il existe donc une grande différence entre les poids et les nombres imaginés par l'homme, pour s'éclairer au milieu de l'ignorance de la loi de la genèse, et les Nombres sacrés ou légaux fournis par les espèces mêmes.

Devant la loi des Nombres, qu'est-ce que serait de rattacher tous les corps simples à un seul corps simple en apparence le plus léger, ce qui pourrait bien ne pas être, en disant tous les corps sortent de l'hydrogène? Ce serait entrer dans une voie peut-être dangereuse.

Il serait mieux de les rattacher à la matière, mais comme la matière n'est conçue que par l'esprit comme l'état spirituel, il serait bien mieux encore de les rattacher aux forces.

Alors on dirait : qu'est-ce que les forces chimiques? Nous répondons 10,800 pour la force passive et 10,800 pour la force active, parce que les forces chimiques sont la moitié des forces organiques de l'homme; elles lui viennent de ses quatre aïeuls paternels et maternels.

Voilà ce que notre table de la genèse matériale enseigne, c'est à elle qu'il faut se rattacher; il faut la corriger, si elle est imparfaite dans certains points, il faut la travailler, la changer si elle est mauvaise.

On voit bien, maintenant, que la matière (1) est en dehors de nos travaux pratiques, qui commencent aux forces appréciables.

Que nous font actuellement les puissances occultes, les esprits et les initiés et l'art sacré de la cabale, les mystères de l'alchimie et la science divine des Zozime, des Roger-Bacon, des Raymond-Lulle et des Paracelse?

Les homoncules, la génération spontanée, le phlogistique, l'affinité, l'attraction, les poids et les nombres arbitraires, les compensations d'Azaïs transformées en équivalents chimiques, ce sont des choses bonnes dans leurs sphères d'activités.

Pour la physiologie légale qu'il s'agit d'établir actuellement, tout cela n'est pas la loi des Nombres-Forces de la genèse, développant dans une magique table l'équation complexe et générale des 89 corps de la nature.

Mais c'est la longue période d'intuition de ce grand fait inconnu jusqu'ici.

Les 89 poids des 89 corps simples doivent ressortir de leur cristal, notre table les indique, ou une table meilleure les indiquera.

La philosophie de la chimie moderne est pauvre, est nulle. Si ses lois arbitraires ont pu servir à faire découvrir toutes les richesses des combinaisons des corps, dont les chimistes doivent être fiers, la véritable loi des Nombres les conduira à tous les succès et à des faits incalculables quant à présent!

(1) Dans la science légale il n'y a rien de caché, il n'y a point d'arcanes secrets.

Amour de la sagesse, descends dans l'esprit de nos lecteurs, et il n'y aura plus d'orgueil pour inspirer de mauvaises déterminations. Quand on pense que la chimie dans le tourbillon industriel semble avoir rejeté la physiologie au second plan, elle n'y restera pas! La chimie est spéciale! la physiologie est encyclopédique!

Les caractères sacrés ou les hiéroglyphes des espèces.

Les symboles représentatifs des quantités d'accords d'harmonie attribués à la genèse sont aussi multipliés que les espèces matériales, végétales et animales, car les espèces sont les symboles mêmes de leurs quantités d'accords constituants.

Les caractères sacrés ou hiéroglyphes qui les démontrent, ces quantités d'accords attribués, sont aussi nombreux que les organes et que les parties des espèces.

Les espèces-symboles, toujours immuables, expriment constamment par leur constitution, dans leurs nombreuses reproductions, les mêmes équations matériales, végétales ou animales de la substance-principe spirituelle, dans les diverses stases déterminées, où la substance divine se trouve voilée par la forme, le mode ou l'état.

La forme, le mode ou l'état sont les voiles réels de la substance-principe spirituelle, et ce sont les parties des espèces, *par le nombre seul*, qui décèlent la quantité d'accords d'harmonie attribués à ces mêmes espèces.

Les espèces sont donc symboliques de leur quantité d'accords constituants. Ce sont elles qui, par leurs parties, dénoncent la loi des nombres ou d'harmonie.

Chaque espèce s'exprime par des caractères fixes, qu'elle

tient de la loi des Nombres; ces caractères sont sacrés pour l'homme d'étude, puisqu'ils sont légaux, puisqu'il ne peut les détruire, puisqu'il ne peut y toucher, puisqu'il ne peut s'en passer, la volonté humaine, devant ces caractères, n'est rien; n'ont-ils pas une origine légale, antérieure au vouloir humain?

Nous appelons ces caractères des hiéroglyphes, et leur ensemble constitue l'écriture sacrée symbolique de la loi divine de la genèse.

Ces caractères sont sacrés, parce qu'ils ne sont pas dus au hasard et qu'ils tiennent à l'équation des nombres dans l'individu, comme dans la généralité des individus, parce qu'ils sont l'expression de la loi.

D'après ce que nous avons dit sur l'ovaire, on voit que cet organe est un symbole des quantités qu'il renferme.

Il contient les nombres de l'homme collectif, le nombre des tissus de l'homme.

Les ovules sont des hiéroglyphes qui expriment les nombres dans la génération reproductive, desquels découlent par déduction les nombres de l'ovaire de la genèse primitive.

Toutes les parties, tous les organes, tous les systèmes organiques, chez les espèces matériales, végétales et animales, et chez l'homme, offrent des caractères sacrés, des hiéroglyphes par lesquels on peut non-seulement déterminer l'espèce, mais encore parvenir à connaître ses acords constituants.

Envisagées sous ce haut point de vue, les études prennent un essor inconnu jusqu'alors, et cela fait pressentir que tous les êtres seront un jour rattachés à un grand fait, la connaissance de la genèse spirituelle ou légale.

Peu importe à l'homme de savoir qu'il existe un boa,

un lion, un crocodile, etc., etc., s'il ne peut s'expliquer ce boa, ce lion, ce crocodile, s'expliquer leur raison d'être, leur but.

L'histoire naturelle fut empailleuse et conservatrice, curieuse et classante; elle fut spécialiste; c'est une noble étape.

La physiologie est légiste, révélatrice et religieuse dans la loi; elle est encyclopédiste; elle approfondit les lois universelles et particulières, les conçoit, les expose et les démontre; elle explique les origines, les stases, les buts; elle s'élève des êtres déterminés et organisés aux êtres spirituels, descend des êtres spirituels aux êtres élémentaires, et fonde par les plus sublimes et les plus vastes connaissances de la loi divine, la science religieuse, dans le but du bonheur de l'humanité!

Le temps des combats et des disputes scientifiques est passé; le temps de la volonté arbitraire de l'homme est clos, nous n'avons plus à écouter de doctrines. C'est la science religieuse seule, sage expression de la loi divine d'harmonie, qui rassemble dans une communion de pensées tous les esprits naguère séparés par l'arbitraire des méthodes.

Les petits écarts de la raison individuelle sont finis, et les aperçus mesquins des croyances, des castes, des sectes, des hordes naturalistes disparaissent comme des êtres sans raison, en présence de la loi divine, qui s'avance semblable à une gloire dans ses bataillons de vérités.

Ah! si la génération spontanée pouvait faire naître l'esprit de justice, pouvait détruire la caste, quelle qu'elle soit, les castes, les sectes, les turpitudes humaines, quel succès! mais elle est elle-même secte; cette génération spontanée!

L'homme est déchu, sa vie est animale, son esprit est

spécial, comme celui des animaux. La vie matérielle l'a soumis ; aussi son squelette chante la mort, depuis l'obésité jusqu'à l'épuisement. Quels vices d'esprit, quels vices de races, quels vices de chairs, depuis la scrofule jusqu'à la lèpre ! Dans ce tourbillon de dégénérescence, les uns ne sont que des forces brutales, les autres que des sentiments animaux, d'autres encore que des croyances impies. La plupart ont pour raison le moi instinctif ou le moi insurgé dans l'intérêt individuel ou la vanité, qu'il ne faut pas confondre avec le noble orgueil des grandes actions accomplies.

Beaucoup ne passent le temps si limité de leur vie qu'à combiner froidement les plus lâches perfidies ou les plus ignobles égoïsmes ; quelle dégradation humaine ! tandis que l'animal, le moindre animal, suit exactement la loi de sa nature et n'en dévie jamais.

C'est que l'homme n'a pas de boussole ; les sectes ont réduit son esprit incertain à l'état d'esclavage, la loi divine ne lui a jamais été démontrée, il ignore, il ignore ! La caste lui a dit : Aie la foi, en lui comprimant l'idée, et la compression lui a enlevé l'intuition, et sans intuition pas de foi ! Alors, par une réaction inévitable, l'esprit de l'homme s'est jeté dans l'étude et s'est perdu dans le méthodisme depuis trente siècles, et tous ceux qui ont étudié pour connaître ont protesté contre la foi et la compression !

Une compression impossible à décrire, pesant sur l'esprit comme un voile de plomb, a caché Dieu à l'homme depuis l'antiquité.

Dès l'enfance, les castes pliaient l'homme à l'adoration des images de bois, d'or, de cuivre, à l'adoration des idoles les plus grossières ; voici ce que nous a laissé l'antiquité. La science religieuse a été séquestrée dans les temples, par les prêtres de l'antiquité. Dieu fut un mystère pour tous les peuples, quand tout le révèle !

Dieu fut moins que l'animal qui est rendu palpable par ses propriétés et ses actions. On adora l'animal au lieu d'adorer Dieu ! l'homme-animal, le veau, le bœuf, le serpent, le crocodile, les chefs de castes et les fidèles, furent adorés à la place de Dieu. Avec ces systèmes païens, l'esprit de l'homme s'est dégradé, l'homme est tombé, et sans les règles de morale qui sont tout à fait en dehors de ces adorations honteuses, l'homme serait redevenu sauvage ; prenez garde, il redevient sauvage !

L'avenir de l'homme est dans la science, son rachat est dans la connaissance de la loi divine, exprimée dans les objets de l'univers. C'est vous tous, ô savants ! qui sauverez la société humaine ; la science est sainte, nous vous le redisons !

Qu'est-ce que la science religieuse ? c'est la connaissance exacte de la loi de Dieu, dans ses applications au monde physique, intellectuel et moral ; c'est la connaissance de Dieu, de ses déterminations physiques, de l'âme collective, et de la loi octroyée dans la genèse ; c'est la connaissance des filiations, des relations, des rapports, des stases et des durées spirituelles et matérielles ; la science religieuse embrasse l'univers et Dieu !

Nos idées sont conduites par filiation jusqu'à la raison, qui est le rapport déductif des faits comparés ou jugés venus de l'aspect ou de l'action impressionnants des effets sur nos sens ; car nos idées naissent des impressions produites sur nos sens par les objets extérieurs ; la perception, le jugement et la raison suivent l'impression. De la perception naît l'abstraction, et plus tard l'abstraction des idées peut naître seule de l'habitude des perceptions.

Lorsque les renseignements perçus ne sont pas suffisants, la comparaison du jugement est inefficace; la raison, le rapport déductif est entraîné alors à la négation complète de la chose existante ou à l'affirmation de la chose imaginaire, que le jugement a regardées comme impossible ou comme réelle, suivant les cas ; alors tout est erreur dans la déduction, et l'esprit déductif ou philosophique est ballotté par une logomachie interminable, née la plupart du temps dans la pauvreté de l'esprit spécial qui, n'embrassant pas l'ensemble des faits généraux, croit, par les diverses doctrines particulières, avoir trouvé tout ce qui importe à l'humanité.

Les spécialistes posent chacun de leur côté, comme tout le monde sait, une doctrine particulière et arbitraire qui occasionne, avec ses opposées, des tiraillements perpétuels de l'idée, qui empêchent l'humanité de se débarrasser du matérialisme qui l'opprime et l'enveloppe de toute part.

L'homme était borgne à l'état sauvage, on l'a rendu aveugle à l'état civilisé.

Il a donc besoin de se mettre en garde contre les apparences dans ses propres perceptions et dans ce que ses semblables viennent affirmer ou infirmer.

C'est pour le prémunir et pour soutenir ses moyens imparfaits, que lui a été donné l'esprit philosophique, l'amour de la sagesse, l'amour de la loi divine : il voit tout, entend tout, discute tout, ne rejette rien, rien sans un examen approfondi ; dans sa logique, il discute tout, parce qu'il a l'intuition interne que tout a été coordonné et prévu par la loi primitive et spirituelle de la genèse. Sans cette intuition qui fait comme partie de ses mœurs, sans cette intuition, il ne se donnerait même pas la peine de la controverse des idées, et il vivrait alors de son instinct animal, de ses jouissances sensuelles !

Mais il a l'intuition, cette conscience intérieure de la

loi divine; il perçoit l'harmonie générale répandue par une même loi absolument généreuse, qui lui offre chez les espèces de la nature une foule de caractères hiéroglyphes qui le renseignent.

Il étudie ces caractères, en apprécie la valeur représentative et symbolique, il découvre les Nombres sacrés et immuables de la Genèse et fonde la science religieuse des êtres élémentaires à Dieu.

Jusqu'à présent l'homme n'a fait que décrire et nommer les espèces, ne connaissant pas la loi de leur constitution et de leur distribution; il les a classées le mieux qu'il a pu; de là sont nées les méthodes arbitraires, du je vois mieux que toi et du bon plaisir. Sa jeune intelligence, plongée dans l'étonnement et dans l'admiration des belles dispositions organiques intérieures et extérieures, n'a tiré aucune conséquence encyclopédique relativement à la genèse, à la vie générale et au but des espèces, il n'en a conçu aucune conséquence humanitaire, il ignore encore le langage muet et cependant si expressif des Nombres dans les hiéroglyphes offerts par les systèmes organiques.

Nous allons donc ouvrir à l'esprit humain la voie nouvelle de cette connaissance, dans ses rapports avec les 15 espèces de tissus de l'homme pris comme type d'étude!

Un seul système de tissu, par la fixité de la forme de ses parties, ou plutôt de ses pièces de distribution, nous offre des caractères hiéroglyphiques certains, d'autant plus certains, que les changements opérés par la nourriture, les climats ou autres modificateurs, ne portent point sur le nombre de ses pièces: c'est le système osseux.

Si l'on veut regarder la table ci-jointe d'anatomie comparée dans les Nombres, on verra que nous avons conslaté 216 (1) pièces osseuses dans le squelette de l'homme ; le squelette est un entier, les os sont des décimales. Ajoutons donc deux zéros comme si nous multiplions 216 os par 200, la substance spirituelle seule en décimales, ou ajoutons à 216 deux zéros représentant le père et la mère, et nous aurons 21,600 qui est le nombre de la force passive ; si maintenant nous multiplions 21,600 par .les deux forces, nous obtiendrons $21,600 \times 2 = 43,200$, 21,600 pour la force passive et 21,600 pour la force active de l'homme dans les tissus à leur génération dans l'œuf. Nous avons délaissé les dents et le coccyx ou la queue comme étant des décimales et des ossements variables chez les animaux.

Opérons d'une autre manière, nous avons compté exactement les points d'ossification primitifs de l'homme. Ces points sont au nombre de 480, en multipliant ces 480 points par 90 modifications des tissus, on obtient $480 \times 90 = 43,200$; 43,200 est le nombre entier des forces oogénésiques de l'homme.

Ce résultat nous laisse entrevoir un fait inattendu, un fait des plus magiques dont l'esprit seul de hauts savants pourra concevoir la portée en l'appliquant à toutes les espèces : Voici : c'est qu'en renversant l'opération ou en divisant le nombre de forces humaines par 90, on obtient le nombre des points primitifs d'ossification de l'homme. Ainsi 43,200, divisé par 90, donne au quotient 480. En consultant notre table ci-jointe, on peut se rendre compte que ce résultat est semblable pour tous les animaux

On conçoit que ce fait ouvre la grande voie aux calculs

(1) Ce qu'il y a de bien important comme affirmation de nos calculs, c'est que nous avions découvert les forces humaines seulement *par le calcul*, et avant d'avoir étudié sous ce point de vue le nombre des os de l'homme.

...re à l'esprit humain rempli d'étonnement,
...piration des Nombres du Serpent-Osseux,
...les des êtres dans toutes les stases déter-
...sence son avenir complet !

CO lor Y	...s du ...ri à épard
8	8
6	6
11	14
2	2
7	7
12	12
7	7
3	3
(	0
21	24
6	6
1	1
	54

Nombres-points

Nombres des points primitifs d'ossification obtenus par la division des Nombres-forces par 90.

513,	3
493,	3
484,	4
480,	4
477,	7
473,	3
471,	1
457,	7
448,	8

Ces Nombres spécifiques une [...] réellement sacrés; ils constituent up[...]

Nous pourrons donc obs[...] l'incarnation chez tous les [...]

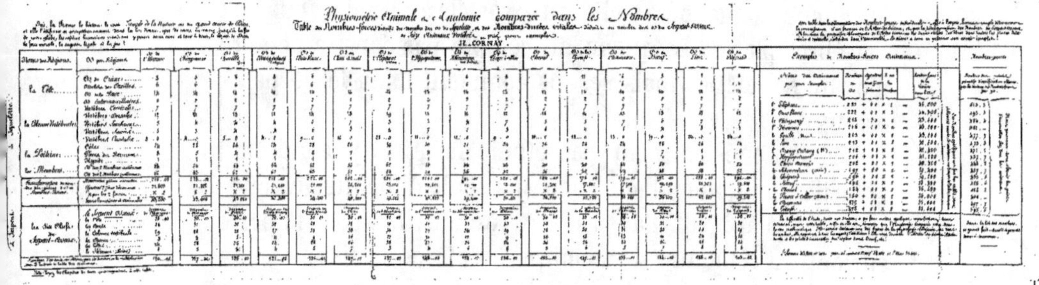

Physiométrie Animale et Anatomie comparée dans les Nombres.

Table des Nombres-forces ... du nombre des os du Squelette, et des Nombres-durées vitales ... au nombre des os du Squelette-force. ... Seize Animaux Vertébrés ... pris pour exemples.

J. E. CORNAY.

Noms des Régions	Os par Régions	Os de l'Homme	Os du Singe	Os de la Gazelle	Os de la Musaraigne	Os de la Taupe	Os de l'Âne d'Inde	Os de l'Éléphant	Os de l'Hippopotame	Os de la Mémoire	Os du Cheval	Os du Bœuf	Os du Chameau	Os du Furet	Os du Porc	Os du Chat
La Tête	Os du Crâne															
	Oreilles des Oreilles															
	Os de la Face															
	Os Intermaxillaires															
La Colonne Vertébrale	Vertèbres Cervicales															
	Vertèbres Dorsales															
	Vertèbres Lombaires															
	Vertèbres Sacrées															
	Vertèbres Caudales															
	Côtes															
Le Bassin	Pièces du Sternum															
	Hyoïde															
Les Membres	Os des Membres antérieurs															
	Os des Membres postérieurs															

les plus utiles de la genèse; rien, rien n'égale ce fait d'anatomie comparée dans les Nombres.

Notre table ne renfermant que quelques exemples, n'est qu'un aperçu de ce que l'on peut obtenir, mais quel aperçu !

La plus grande difficulté anatomique est la queue des animaux, bien que cela porte à rire ; c'est réellement la queue qui est le point le plus difficile à éclaircir.

Qu'est-ce que la queue? Où commence la queue? Si l'on sait bien où elle finit, quand elle est conservée dans les musées, sait-on bien où elle commence ? Eh bien, toute la question est là, car pour l'homme la queue coccygiène a trois pièces. La question de la queue est donc vitale : la queue commence-t-elle aux vertèbres rondes ou aux vertèbres plates? La queue ne compte pas dans le nombre d'os du squelette, mais ses os comptent dans le serpent-osseux.

Les anatomistes n'ont pas étudié la queue, ce qui était si facile sur l'animal en chair. La seule difficulté du squelette de l'animal n'a pas été résolue; il nous importe surtout de connaître le nombre des pièces du tissu osseux qui donne des hiéroglyphes fixes. La forme des pièces osseuses est un effet des nombres dans les forces partielles constituantes ; elle doit être consultée avec attention.

Maintenant nous pouvons faire de l'anatomie comparée, comparée dans les Nombres. Quel pas pour la science!

Nous avons donné dans notre table les nombres des pièces osseuses de 16 animaux. Le nombre de leurs points d'ossification et les nombres spéciaux de leurs forces génésiques, c'est ce que nous nommons Nombres-Forces.

C'est sur le système osseux que repose en partie la spécialité des êtres, ainsi que leur ordinalité, leur distributivité et leur généralité, tandis que leur spécificité et

leur tonalité s'aperçoivent dans leurs hiéroglyphes extérieurs qui tiennent aux tissus cellulo-corné (1) et dermoïde. Nous en parlerons ailleurs.

Quelquefois cependant des pièces osseuses sous-épider-
miques fournissent des nombres hiéroglyphiques importants.

D'après ce que nous venons de dire, on comprend bien
que la matière abandonnée à elle-même, sans une loi
primitive de répartition, ne pourrait créer ces hiéroglyphes
immuables de père en fils, que l'attraction comme loi en
demanderait une autre, la loi des Nombres, et si l'on venait
nous dire que la loi de l'attraction n'est que la loi des
Nombres, nous reprendrions : et les lois de décomposition,
de désagrégation, de répulsion sont-elles aussi la loi
des Nombres? Non. Eh bien, l'attraction, la répulsion, la
gravitation, la décomposition s'exercent dans la loi des
Nombres, la loi qui expose l'harmonie divine.

Tout cela montre bien l'erreur de l'idée de génération
spontanée, par attraction moléculaire.

D'ailleurs la genèse, la génération et la reproduction
s'accomplissent dans le lieu, le milieu et le moment con-
venables, c'est-à-dire, dans la loi des Nombres des influents,
des circumfusa, des éléments constituants dans les diverses
stases.

Maintenant la théorie est passée dans la pratique, nous
pouvons faire la plus vaste étude qui ait paru sous le
ciel, nous pouvons rectifier les anciens genres dans nos
progressions spéciales et dans nos progressions spécifiques.

(1) Le tissu cellulo-corné ou crustacé chez les insectes est hiéro-
glyphique par le nombre de ces pièces.

Le Serpent ou diamètre vital.

Si la physiologie n'avait point à sa disposition des hiéroglyphes fixes, chez les animaux des diverses et nombreuses progressions spécifiques, comme elle en découvre chez les espèces végétales et matériales, les mammifères, les oiseaux, les poissons et les reptiles, ces vigilants acteurs plus ou moins amoureux, comiques ou tragiques, des scènes de relation de la vie organisée, qui se passent dans les eaux, dans les airs ou dans les vallées, ne pourraient, en aucune manière, servir à éclairer l'esprit humain sur l'ensemble de la genèse et de la vie dans la durée.

Ce n'est pas tout de pouvoir dire avec l'histoire naturelle : cet animal est un lion ; il faut savoir ce que c'est que le lion, d'où il vient, où il va, son pourquoi, son but. A la simple vue, on conçoit bien que le lion est un animal différent du buffle ; mais cela ne suffit pas à la physiologie qui demande à connaître les accords formateurs intérieurs, pour concevoir la genèse primitive et la vie dans l'univers.

L'homme arrivera peu à peu à ces connaissances d'où dépend sa vie morale.

La colonne vertébrale fut nommée par les Latins *spinadorsi*, par les Grecs ῥάχις ; nous pensons que les écoles sacerdotales, égypto-pharaonniennes et juives de l'antiquité, l'ont appelée le serpent ; mais cela fut gardé secret. Nous n'avons que la version du serpent tentateur d'Ève (1)

(1) Le serpent tentateur d'Ève lui ayant parlé, il est évident que

pour nous renseigner à ce sujet, et cela suffit. C'est donc
la vie organisée qui a tenté la substance divine indéterminée dans Ève, encore spirituelle ; le diamètre vital (120
ans de vie organisée) a tenté Ève : la vie organisée ou
déterminée est le principe ou la source du mal.

Que l'école sacerdotale de l'Égypte antique était sa-
vante !

Qu'est-ce donc que le serpent ou diamètre vital ? Pour
l'homme et pour les animaux vertébrés, il est composé de
la tête et du corps, en supprimant les membres. Ses hiéroglyphes sont les os de la tête en comptant les dents, ceux
de la colonne vertébrale, du sacrum, du coccyx ou de la
queue, des côtes et du sternum.

En effet, supprimons les membres, et les animaux n'offrent plus qu'un corps de serpent plus ou moins long, plus
ou moins épais, plus ou moins modifié dans son ossature.

Les membres ne sont utiles qu'au transport du serpent
qui, dans la plupart des espèces, n'ayant pas une disposition assez svelte ou allongée, serait condamné au repos
sur place, comme nous l'offre presque certains animaux
marins peu pourvus de membres, tels que les phoques.

L'antiquité a dit que le serpent qui se mord la queue
était le symbole de la vie et de l'éternité (1).

Mais les prêtres de l'antiquité n'ont pas tout dit, et nous
pensons que, pour eux comme pour nous, le serpent al-

cette conception avait la tête humaine. Dans l'antiquité païenne, il
y eut aussi une sorte de génie nommé Égipan, composé d'une queue
de bête et d'une tête humaine.

(1) Les anciens professaient que le serpent auquel ils faisaient
mordre la queue, devenait le symbole de l'éternité ; cela était vrai,
car en se mordant la queue il représentait le circuit vital 360, qui,
multiplié et divisé par 3 (3, la loi des accords), donne les nombres
de toutes les stases de l'homme dans l'universalité.

longé était le diamètre de la durée de la vie de l'espèce. Le serpent qui, en formant un circuit, se mordait la queue, multipliait ce diamètre par son corps, sa tête et sa queue, c'est-à-dire par 3, ce qui donnait pour l'homme individu 120 ans de durée vitale, et pour l'espèce et la loi qui mesure $3 \times 120 = 360$, le circuit vital de l'homme.

Laissons là le vrai serpent qui n'est que le symbole fictif de la chose réelle : les voiles doivent être supprimés par une école religieuse et humanitaire !

Si nous examinons froidement et avec attention tous les animaux et l'homme, nous verrons qu'en abattant, en idée, les membres qui sont des accessoires particuliers, modifiés et appropriés aux relations des animaux, il ne nous restera que ce que nous appellerons désormais, en anatomie, le serpent par une analogie éloignée entre le corps des animaux dont nous supprimons les membres dans nos calculs, et celui d'un vrai serpent, le Python, par exemple.

Pour obtenir les Nombres-Forces ou spéciaux des animaux, nous avons, dans le chapitre précédent, négligé dans nos calculs les dents et la queue comme étant des décimales.

Pour le serpent, nous comptons au contraire les dents et la queue, comme les autres parties, car il a une queue et mord pendant sa durée vitale ; l'analogie est donc complète.

Si nous examinons le serpent de l'homme, nous voyons que ses hiéroglyphes les plus certains sont ses pièces osseuses.

Ce sera donc à ces pièces osseuses, dans leur ensemble, que nous donnerons définitivement le nom de serpent.

Le serpent de l'homme-individu est composé savoir :

Des os du crâne et des osselets des oreilles.	14 os.
Des os de la face......................	14 os.
Des dents............................	28 os.
Des vertèbres cervicales................	7 os.
Des vertèbres dorsales.................	12 os.
Des vertèbres lombaires................	5 os.
Des vertèbres sacrées.................	5 os.
Des vertèbres coccygiennes.............	3 os.
Des côtes............................	24 os.
Et des pièces du sternum..............	8 os.
	120 os.

Ces 120 os représentent le diamètre vital ou le diamètre du circuit vital 360 (1) de l'espèce humaine : le diamètre vital est la durée de la vie de l'homme-individu.

Ainsi, le nombre des pièces osseuses du serpent est exactement chez l'homme le nombre d'années de la vie terrestre à laquelle il peut aspirer par sa sagesse.

Laissons là les prêtres égyptiens et juifs, ces savants égoïstes, par trop discrets, qui ne nous ont transmis que cette donnée : après les patriarches, les hommes ne vécurent plus que six vingts ans !

Cette loi une fois découverte, savoir : que le nombre des pièces osseuses du serpent représente la durée de la vie animale possible chez l'homme-individu, c'est-à-dire le nombre d'années de la vie individuelle dans l'espèce, on conçoit que tous les animaux y sont également soumis

(1) Le serpent, qui marche en formant six anneaux, représentait aussi le circuit vital, comme on le voit dans le zodiaque circulaire de Denderah ; en effet, en multipliant les six espaces par les six anneaux on obtient $6 \times 6 = 36 + 0$ décimal $= 360 =$ le circuit vital de l'espèce humaine.

comme l'homme même. Alors on entrevoit une grande étude d'anatomie comparée dans les nombres au-dessus de tout ce qui a pu exister jusqu'à présent, au-dessus de toute admiration, et l'on s'écrie malgré soi : « Quelle somptuosité d'accords d'harmonie ! »

Mais ne nous laissons pas entraîner à croire que les animaux sont dans la même condition que l'homme, car les canis vivraient 147 ans. Voyez la table.

Le nombre de l'homme est équationnel dans la genèse; il est entier dans les forces passive et active, tandis que les nombres des animaux sont fractionnaires des forces de l'homme.

En d'autres termes les nombres des animaux sont fractionnaires du nombre des forces passive et active.

En sorte que, ou leur nombre est simplement fractionnaire du nombre des forces humaines, ou leur nombre est constitué du nombre même des forces humaines plus une fraction.

Ainsi le nombre de l'éléphant est 46,200 (1). Il renferme donc celui des forces humaines qui est 43,200 plus une fraction de 3,000.

Le nombre de l'orang-outang est 42,400; il est donc simplement une fraction du nombre entier des forces humaines qui est 43,200. Pour être homme il lui manque 800 accords.

Le nombre du chimpanzé est 43,600, le chimpanzé a donc 400 accords de plus que l'homme.

Les animaux sont fractionnaires de l'homme, et si les grands animaux sont seulement fractionnaires, les petits animaux sont des décimalités; en sorte que souvent il arrive que l'on ne doit calculer que les derniers chiffres

(1) Sauf vérification du squelette.

de droite de leurs nombres d'os, en regardant ces nombres écrits sur le papier, sans cela on commettrait les plus grandes erreurs.

Certains nombres de grands animaux tels que l'éléphant, doivent être respectés, tels qu'ils se présentent comme celui de l'homme, parce qu'ils donnent exactement la durée vitale où le nombre d'années de la vie de l'individu. (Voyez la table.)

Tandis que les nombres de la plupart des animaux doivent être soumis à la division par 3 qui est la loi des accords.

Ainsi la durée vitale du chimpanzé ne peut pas être de 127 ans, puisque les épiphyses chez les singes sont soudées de très-bonne heure au corps des os ; il faut alors diviser 127 par 3, ce qui donne au quotient 42 1/3 : la vie individuelle du chimpanzé est donc de 42 ans 4 mois.

Le chien est un petit animal décimal, une décimalité : son nombre est 147. Prenons alors seulement 47 sur 147, divisons 47 par 3, et nous obtiendrons pour la durée vitale individuelle du chien 47 divisé par 3 = 15 2/3, ou 15 ans et 8 mois pour la vie du chien.

L'éléphant est, jusqu'à présent, le seul animal dont le nombre doit être respecté par le calcul. Son nombre est 137, il vit 137 ans, à moins qu'il ne vive 411 ans, ce que l'on obtient en multipliant 137 par 3 = 411, ce qui est probable ; quant à diviser son nombre 137 par 3, ce qui donne 45 ans 8 mois, c'est impossible, il vit plus que cela : c'est 137 ou 411 ans.

Voici la table de la durée individuelle des seize animaux cités, calculée sur leur serpent osseux.

DURÉE DE LA VIE	ANS.	MOIS.
De l'éléphant, 137 ans ou	411	— ?
De l'homme	120	—
Du cheval	54	4
Du rhinocéros.	51	4
Du lion	49	4
De l'hippopotame.	49	4
De la girafe	49	—
Du bœuf	48	—
Du guépard . . . . . 14,4 ou	47	8 ?
De l'ours blanc	45	4
Du chameau.	44	4
Du chimpanzé.	42	4
Du gorille	41	8
De l'orang-outang	40	4
Du chien.	15	8
Du pécari à collier.	12	8

Nous bornons notre travail à ces exemples, que nous pouvons répéter pour tout ce qui vit sur ce globe.

Les Nombres-Forces ou spéciaux des animaux, et les nombres-serpents constituent des connaissances si profondes que nous ne voulons pas en parler davantage, et nous laissons aux savants le soin d'apprécier la fécondité future de ces faits.

Les Nombres-Forces ou spéciaux ? mais pour ne citer qu'un exemple en dehors de celui de l'homme, le tigre royal a le même nombre que le lion ; voici donc les nombres d'os qui viennent établir les progressions spéciales, si les hiéroglyphes extérieurs démontrent les progressions spécifiques. Le guépard n'est plus dans le même cas, il est éloigné de ces animaux, comme 42,600, nombre du lion et du tigre royal, l'est de 39,200, nombre du guépard.

Nous aurions bien voulu donner dans ce travail les progressions spéciales des félis, comme exemples ; mais la difficulté de l'étude dans les musées, où les squelettes sont placés très-haut, sur des étagères, nous a privé d'offrir cette étude à nos amis et à nos lecteurs. Plus tard le pourrons-nous ?

Comme on le voit, le serpent osseux n'est point une idée légère, c'est une grande connaissance.

Quant aux animaux appelés serpents, dont nous avons emprunté le nom par analogie, nous pensons que ces animaux, qui embrassent pour ainsi dire le sol de leur corps, sont appelés, par l'étude du nombre de leur *serpent-osseux*, à fournir à l'homme les circuits vitaux, soit des nombreux astres qui circulent dans l'univers céleste, soit les circuits vitaux des animaux. Espérons que nous découvrirons leur but.

Appuyé un jour aux ruines d'un vieux donjon, au milieu de pierres amoncelées qui laissaient dans leurs débris de nombreux et sûrs repaires aux reptiles, nous ne pûmes nous empêcher de nous exclamer en voyant de gracieuses couleuvres se promener en levant la tête ; mais ces serpents toisent le globe, les serpents doivent offrir en eux-mêmes des mesures.

Tout est dit, tout est à voir, tout est à faire !

Qui nous aime nous suive ou nous précède !

L'acte de la douleur dans ses rapports avec les tissus.

Quelle divine bonté que l'acte de la douleur (1)! C'est en effet le seul acte de prévision qui annonce à l'homme la vie et la mort, sa venue au monde ou son départ; c'est l'unique fait involontaire qui le tienne constamment en garde contre les forces extérieures ou intérieures qui peuvent détruire ses tissus.

La douleur dite morale est aussi bienfaisante que la douleur dite physique ; ne lui démontre-t-elle pas le moment où il doit faire taire son égoïsme, lors de l'exagération de ses sentiments, de ses instincts, de ses facultés?

Chez l'homme qui possède la sagesse des lois, la douleur morale est presque impossible, car la connaissance des lois naturelles sauve l'esprit, les sentiments et les instincts; il sait qu'il faut souvent se résigner, cela touche à la vertu.

Pendant les contacts multipliés de l'homme-animal et des espèces matérielles de la nature, depuis les forces jusqu'aux cristaux, dont les nombres et les propriétés sont en rapport avec ceux des corps constituants des tissus et avec ceux des forces organisantes, les forces et les corps simples ou composés peuvent entrer en combinaison avec

---

(1) Le naturalisme dit *Phénomène de la douleur*, nous disons *acte de la douleur*. En effet, la douleur est un acte de la substance-principe spirituelle attribuée, comme nous le verrons dans ce chapitre.

les corps constituants et les forces organisantes des tissus, quel que soit le lieu où ils se rencontrent.

Les tissus, comme nous l'avons déjà dit, ont une *tonique fixe*, et il arrive souvent que les activités de contact, que les corps et les forces impressionnants ne sont pas à l'uniton avec la tonique des tissus, et cela est certainement une prévoyance, car dans le cas où ils seraient *isotones*, ils ne pourraient avoir d'action sur eux.

N'étant pas en *isotonie*, c'est-à-dire n'ayant pas une tonalité égale à la leur, les tissus sont impressionnés, les activités agissent sur les passivités qui leur sont relatives.

C'est de ce fait de combinaisons des forces stasiques et des forces animales, de combinaisons des corps et des forces extérieurs au tissu et des éléments passifs constituants et des forces organisantes du tissu, que doit se déduire toute la thérapeutique qui, dans le fait, doit rétablir les équations des forces animales dérangées par les modificateurs intercurrents, à l'aide d'autres modificateurs nommés médicaments.

D'abord, c'est de la *polytonie* ou des diverses tonalités des corps impressionnants vis-à-vis la tonique fixe du tissu que naît l'acte de la sensibilité. Quant à la douleur, elle naît de la discordance des tons impressionnants, ou de la disproportion des tons, de l'élévation des heptaves des impressionnants.

Après les trop fortes impressions des forces, un second phénomène de prévision apparaît, c'est l'accumulation des forces organisantes et des liquides animaux dans le tissu impressionné.

L'acte de la douleur prévient donc l'animal de la destruction possible de ses tissus, acte sublime de conservation, donné aux animaux et à l'homme-animal, par l'esprit même qui a présidé à la genèse! La douleur est le coup de fouet qui réveille l'instinct des animaux, pour qu'ils puissent se prémunir contre leur destruction précoce, ce qui deviendrait sans elle si fréquent, que la terre en serait bientôt dépouillée.

Au milieu des rapports si multipliés de l'homme-animal et des agents extérieurs, il fallait un grand fait, un régulateur, un point d'arrêt; ce grand fait fut l'acte de la douleur !

Nous sommes arrivé au fond de la question qu'il s'agit non-seulement d'explorer, mais de résoudre.

Tous les physiologistes actuels professent : « que la douleur est une sensation pénible qu'il serait fort difficile de définir. » (*Dict. étymologique* de MM. Chomel, Orfila, Béclard, Jules Cloquet, Hippolyte Cloquet.)

Mais la douleur est *le cri de la loi transgressée*, de la loi des nombres proportionnels et progressionnels, transgressée dans son application aux tissus des animaux.

La douleur exrpime le rapport de différence à la gamme normale des tons de la sensibilité.

Le mot douleur dépeint un effet exagéré ou anormal.

Les tissus industriels peuvent se combiner avec un acide, par exemple, sans éprouver de douleur, ils n'ont pas de sensibilité; il faut donc qu'il y ait d'abord sensibilité pour qu'il y ait douleur dans l'occasion.

Si l'esprit légal qui a présidé à la genèse, si la loi qui préside à la reproduction ont fait ou rendu, dans une prévoyance inestimable, les tissus organiques susceptibles d'éprouver la douleur, c'est qu'ils ont créé les tissus sensibles ; ils les ont créés sensibles pour que les animaux et l'homme-animal soient en rapport avec les autres êtres qui les environnent de toute part. Ils ont donc la sensibilité qui leur fait apprécier par les sens de la vue, de l'odorat, de l'ouïe, du goût et du tact, une infinité de merveilles réparties en images innombrables, résultant de l'association des tons colorés, odorants, sonores, etc.

Nous avons un immense intérêt physiologique à connaître la sensibilité en elle-même.

Nous partageons avec les végétaux et les animaux la sensibilité de tissu, parce que nos tissus sont établis sur le même plan que les leurs et par les mêmes moyens. L'albumine en est la base, et les fluides organiques, la force organisante; tous les tissus sont formés de cellules ou de fibres qui en dérivent.

Et partout la cellule est formée de 90 accords constituants de forces.

Mais, chez les animaux supérieurs et chez l'homme, un fait remarquable se présente :

C'est le *moi !*

Le moi perçu ou simplement instinctif appartient aux animaux perceptifs et à l'homme-animal.

Le moi raisonné et intelligent n'appartient qu'à l'homme seul.

Le moi simplement instinctif implique la connaissance du toi spécial, et la connaissance du toi spécial implique la fuite, le débat, la défense, l'attaque, instinctifs.

Aussi, les animaux non perceptifs peuvent-ils seuls rendre compte de la sensibilité de tissu en elle-même, car chez eux rien n'est perçu, et l'unique indice de la sensibilité comme chez les végétaux est la seule contractilité de tissu.

Chez les animaux inférieurs non perceptifs et chez les végétaux, la sensibilité et la douleur restent inconnues.

Car la sensibilité et la douleur, pour être senties, demandent la perception cérébrale; et, pour cela, il faut l'organe cérébral de la perception, d'où naît *le sentir*.

Il faut le moi perçu instinctif, et les animaux inférieurs et les végétaux en manquent.

Le sentir suit la perception : pas de perception, pas de sentir.

M. le professeur Flourens a bien fait de dire : *sentir n'est pas percevoir*.

Le sentir est le résultat de la perception, c'est le rapport de la perception. La perception est une fonction qui reste la même pour toutes les impressions faibles ou fortes; le sentir est différent, comme excédant des impressions à la tonique du tissu impressionné.

Le sentir est le rapport de différence entre le ton de l'impression et le ton du tissu percevant. Percevoir est un fait de sensibilié cérébrale; le sentir en est la déduction, la raison, et l'on peut dire : « Je sens, donc je perçois. » Quand on perçoit mal, on sent mal; et l'on ne peut pas sentir mal, quand on perçoit bien.

30 ne peut percevoir 30; mais il percevra 31, et 1 sera le rapport de la sensibilité!

Si la sensibilité normale supporte l'impression jusqu'à 45, 46 impressionnant donnera 1 pour la douleur. Dans le premier cas, 1 sera le rapport du sentir normal; dans le second cas, 1 sera le rapport du sentir (1) douloureux ou anormal.

La perception a donc, dans le cerveau, une partie *ad hoc* pourvue d'une tonalité fixe, d'une tonique commune à tous les tissus. Cette tonalité joue le rôle de tonique vis-à-vis des gammes naturelles des tons impressionnants.

Les espèces, qui n'ont pas de partie nerveuse de per-

---

(1) 21,600 est le nombre de la force nerveuse normale. Quand ce nombre est dépassé dans les impressions, la force excédante ou acquise fait naître le sentir douloureux.

ception, ne peuvent éprouver le sentir normal ou le sentir douloureux, puisqu'elles ne perçoivent pas.

Elles éprouvent la contractilité organique, qui est un témoin irrécusable de la sensibilité de tissu, et, quand on irrite les espèces inférieures, elles se contractent dans leur tissu, comme le muscle qu'on irrite après avoir coupé les nerfs cérébraux. Désormais, ce muscle ne fait plus partie du moi, ne tient plus au moi; il a une vie séparée. L'animal ne peut plus percevoir ce qui se passe dans le muscle isolé de son cerveau; il n'éprouve plus aussi le sentir, quant à ce muscle; mais le muscle conserve sa sensibilité (1) propre de tissu. Pas d'organe de perception, pas de perception; pas de perception, pas de sentir.

Puisque le tissu percevant et les tissus impressionnés sont dans la même progression de la tonique, le sentir est la représentation exacte du rapport des tons de l'impression et des tons de la perception normale.

Qu'est-ce donc que la sensibilité dans le sentir? Si la douleur est le cri de la loi transgressée, le cri de la loi des Nombres proportionnels dépassée, la sensibilité dans le sentir normal sera la loi des Nombres dans son application harmonique.

Le sentir n'est pas la sensibilité, il est le rapport par soustraction de la perception, le rapport senti perçu, la perception demeurant fonction sensible.

Chaque tissu, dans les 15 espèces de tissus, est proportionnel et progressionnel dans sa gamme harmonique de tons, et les quinze espèces de gammes des 15 espèces de

____

(1) Il est évident que la sensibilité tonique de la perception est sur le même plan que la sensibilité tonique des tissus, seulement dans une heptave infiniment plus haute, c'est-à-dire que toutes les tonalités fixes de tissus percevant ou autres sont constituées dans la progression de la même tonalité harmonique.

tissus ont des tons semblables qui se correspondent en progression de même nom.

Les tons impressionnants, bien associés et proportionnels, font naître le plaisir, le sentir agréable ; les tons mal associés, ou dans des heptaves trop élevées, font naître la douleur, le sentir désagréable.

Il faut donc qu'il y ait proportion et progression dans les tons qui forment images ; ce qui le prouve, c'est que les transitions subites des tonalités faibles ou tonalités fortes font naître la douleur, la proportion et la progression font loi dans la sensibilité normale.

La sensibilité ne peut s'expliquer par l'action des forces, l'émission des fluides, les accumulations des fluides, l'action des corps, les uns sur les autres ; elle ne peut s'expliquer par les actions physiques, la sensibilité ne peut se dévoiler par aucune activité de la nature.

Si elle naît, comme la douleur, dans les êtres organisés, dont les équations des forces sont dérangées ou remuées, c'est qu'il y a un rapport d'équation entre ce qui rend sensible les espèces et leurs forces passive et active constituantes.

En sorte que la sensibilité est un fait qui ne peut ressortir de la partie physique, la sensibilité des espèces est soi vivante dans la cellule, dans la fibre ; la cellule morte n'a plus la sensibilité, n'a plus le sentir agréable ou douloureux, et cependant la cellule existe entière.

La sensibilité tient donc à la partie purement spirituelle de l'âme, car vous pouvez charger de fluides un animal que vous aurez étouffé, et la sensibilité ne se produira pas.

Pas d'âme spirituelle, pas de sensibilité, et l'âme organique n'est que la détermination par équation double de l'âme spirituelle, c'est-à-dire de l'âme en équation simple, dont la manifestation sont les forces organiques (l'âme organique), qui sont réellement en équation avec les forces passives des tissus.

L'âme spirituelle, cette quantité d'accords d'harmonie simple attribuée à chaque espèce, est proportionnelle au Nombre-Forces des espèces.

Le sentir est aussi *l'acte de la présence de l'âme* spirituelle chez les espèces supérieures.

Pour les espèces inférieures et pour les végétaux qui sont destinés à servir de nourriture, il eût été méchant de leur donner la perception et le sentir, car la surface entière de la terre n'eût offert que le spectacle de la douleur, et cela sans fuite, sans défense possible.

Tandis que les animaux supérieurs ayant la ruse et la fuite lorsqu'ils sont faibles, l'attaque ou la défense quand ils sont forts, peuvent être pourvus de la perception et du sentir.

Les espèces matériales ont l'âme chimique.

Les espèces végétales ont l'âme organique, comme les espèces animales inférieures.

Les espèces animales supérieures ont l'âme organique instinctive, sentimentive, perceptive.

Les espèces humaines ont l'âme organique instinctive, sentimentive, perceptive, réflective et intelligente.

Les âmes spirituelles chez toutes les espèces matériales, végétales, animales et humaines, sont proportionnelles à leurs âmes-forces, aux âmes chimiques ou organiques.

La chair est vivante et sensible par l'état de rapport entre l'équation simple de l'âme spirituelle et l'équation double de l'âme organique, dans sa proportionnalité avec l'équation des tissus.

Dérangez les rapports des forces chez une espèce, dérangez les rapports de la force active et de la force passive dans le sang et les tissus, par l'action d'un éthérisant et la tonalité fixe, la tonique des tissus n'existe plus, la sensibilité ne peut plus se produire, le mécanisme des forces légalisées dans les nombres proportionnels et progressionnels est empêché, et si l'on poursuit jusqu'au bout l'éthérisation, on détruit complétement l'équation des forces qui persistent quelques moments dans les nerfs organiques et la mort s'ensuit.

L'âme organique et matérielle est la détermination de l'âme spirituelle.

L'âme spirituelle est en équation simple, l'âme organique est l'âme spirituelle qui a subi deux équations doubles successives pour devenir forces organiques.

Voilà le plus grand fait découvert, *l'âme spirituelle existe dans l'homme!* mais à l'état déterminé; la substance principe spirituelle en quantité attribuée est là; elle se montre toujours dans les lois de la vie organisée.

La sensibilité, le plaisir, la douleur, sont les manifestations de l'âme spirituelle; plus le mécanisme que forment les tissus est parfait, plus l'âme spirituelle attribuée est parfaite.

L'homme a l'âme spirituelle la plus parfaite. Si les chairs végétales et animales servent de nourriture à l'homme, c'est *qu'elles sont fractionnaires* de ses propres chairs ; donc les âmes végétales et animales des espèces qui peuvent servir de nourriture à l'homme *sont fractionnaires* de son âme, car tout est équation.

Nous ne voulons point entrer ici dans la description de nombreuses expériences que nous avons pratiquées sur les chevaux, les oiseaux, les poissons et les reptiles, etc., pour étudier la sensibilité, cela est inutile ici. Expliquons encore un peu le mécanisme de la sensibilité.

Les tissus sont proportionnellement et progressionnelle·ment sensibles.

Ils ont chacun une gamme normale de tous à partir d'un ton tonique, et chaque ton a une qualité fixe de sensibilité.

Dépasser la gamme des tons ou impressions par un ton trop élevé fait naître la douleur, elle naît aussi des tons discordants, c'est-à dire qui ne sont pas proportionnels entre eux.

La douleur est le cri de la loi ; le cri de la loi part de l'âme spirituelle latente dans les forces organiques et les tissus. Le plaisir est la joie de l'âme ; la douleur, sa plainte. J'ai l'âme triste jusqu'à la mort, a dit la philosophie de Jésus.

Quelle admirable fait que la genèse des êtres ! Cette transformation légale des accords spirituels attribués de la substance-principe spirituelle, en accords matériels, des accords matériels en forces, etc., et cela par équations doubles du Nombre sacré des accords spirituels attribués à l'espèce.

Maintenant est-ce l'âme spirituelle elle-même qui souffre ? non ! elle avertit la chair par la loi ; c'est la chair qui souffre, qui s'enflamme, qui suppure, qui se détruit.

Ah! qu'il y a loin de ce que nous venons d'exposer à ce que l'on professe partout,

Savoir :

La douleur est une sensation pénible qu'il serait fort difficile de définir.

Elle est définie maintenant, mais tout cela est le commencement d'une vaste étude.

La sensibilité est *la pendule de la vie* de tissu, la douleur *son régulateur* et son terme dans le sentir.

L'âme spirituelle, *le divin ressort dans la proportionna-lité des forces.*

Maintenant que la spiritualité est découverte chez les espèces matérides, végétales, animales et chez l'homme,

Le naturalisme n'est plus qu'un songe ou plutôt qu'un état de transition de la période des fictions, des mystères, des prodiges et des miracles, à celle de la science religieuse, c'est-à-dire reposant sur la loi divine.

RÉFLEXIONS.

Dans l'universalité des relations des nombreuses espèces de la nature, dont les forces particulières attribuées sont si différentes, quelle immense proportion de joie et de sagesse persiste à la surface des sphères, au milieu des innombrables causes intercurrentes de la destruction !

A chaque instant les espèces se mêlent ou se heurtent, et cependant l'individualité et l'ensemble de ces espèces sont protégés par une prévoyance légale d'où découlent l'ordre et l'harmonie.

La loi des Nombres est présente à tous les faits de la vie, les six propriétés de la genèse et de la reproduction : la tonalité, la spécificité, la spécialité, l'ordinalité, la distributivité, la généralité en naissent.

C'est qu'il existe force active et force passive, ou mâle et femelle, dans la reproduction comme dans la genèse qui n'admettent que les alliances entre les individus de la même progression spécifique.

La vie n'erre point; elle a sa loi, et sa loi engendre l'harmonie, et, si des causes de rencontre viennent troubler les rapports, l'équation se rétablit dans la stase précédente, à la stase où s'opère le trouble.

L'âme spirituelle attribuée accompagne toutes les déterminations, toutes les personnifications; elle veille dans la justesse des nombres, aux êtres qu'elle a constitués de ses accords. La substance-principe spirituelle, répartie en fractions proportionnelles, suivant les progressions des espèces, est aussi inattaquable dans ses distributions que la justice.

Regardez quelle splendeur de fonctions, tous les actes ne sont-ils pas conduits dans les nombres ? Que de profondeur dans cette simplicité des ressorts de la vie!

L'homme qui renie la loi divine renie Dieu. L'homme, en suivant la loi divine, peut produire la génération industrielle (1); il pourra centraliser les forces solaires, comme il peut les décentraliser.

La chimie a déjà fait beaucoup de reproductions et la physique fera le reste.

Ceux qui ne comprennent pas la loi des Nombres nieront la reproduction des corps dits simples.

Et nous, qui concevons la reproduction des corps simples, nous serons taxé d'exagération ; peu nous importe.

____

(1) Nous avons la ferme conviction, appuyée sur des faits, que l'homme fera un jour industriellement les corps simples, par équation double des forces solaires. Nous ne demandons à personne de partager cette conviction, qui reste tout à fait en dehors de nos travaux physiologiques; affirmer nos travaux physiologiques n'est donc point affirmer cette idée intérieure qui nous reste propre.

Cependant, ceux qui admettent que les corps simples sont indestructibles, irréductibles en forces, seraient obligés d'avouer qu'ils sont matérialistes dans la plus grande acception de ce mot, car les corps simples seraient éternels.

La chimie ne peut aller, dans ses études, que jusqu'aux corps simples qu'elle constate. La physique part des forces et vient jusqu'aux corps simples qu'elle produira, dans la même loi, que la vie suit des corps simples aux corps composés : la loi d'équation dans les Nombres. Les chimistes, avec les corps simples, obtiennent les corps composés. Les physiciens, avec les forces, obtiendront les forces composées, polarisées, c'est-à-dire les corps simples. Connaissant les Nombres-Forces et l'appareil de polarisation (1), tout est fait. La loi se montre partout la loi.

Que les nombres légaux sont admirables, qu'ils sont précieux, puisqu'ils donneront à l'homme *l'arbre de science des Nombres-Forces, l'arbre de vie ou des durées vitales* des espèces et des êtres, la connaissance de la *vie dans l'universalité !*

Que l'école religieuse a de sublimité, elle qui embrasse tout ce qui est né de Dieu à l'homme, et de l'homme à Dieu dans sa loi d'harmonie !

Que les hiéroglyphes immuables, et par conséquent sacrés des espèces, annoncent de bonté, puisqu'ils sont l'écriture même des actes de la loi de la genèse !

Nous sommes encore au commencement des révélations des Nombres, par les hiéroglyphes des espèces.

Et cependant nous possédons dès à présent :

---

(1) Les corps simples ne sont que des forces fractionnaires polarisées, composées.

Les Nombres-Os-du squelette et du serpent ;
Les Nombres-Forces ;
Les Nombres-Durées-Vitales ;
Les Nombres-Points-d'ossification et d'incarnation ;
Les Nombres-Adultes ;
Les Nombres-Stases.

Ces nombres conduiront l'homme à la science de la loi donnée à la nature dans la genèse.

La connaissance de la loi divine le conduira à la joie et au bonheur.

Nous vivons bien loin de ce temps, car nous sommes en pleine animalité ; l'esprit dans l'homme est rare, et sauf quelques personnes privilégiées et craintives qui vivent par l'esprit, dans le tourbillon des personnalités errantes, tout le reste se meut dans les instincts ou les sentiments mal raisonnés.

Le rachat de l'homme-animal est dans la loi. L'école physiologique, religieusement légale, peut tout, et elle fera le tour du globe comme un bon compagnon de l'homme.

On s'y habituera, par cela même qu'elle est remplie d'honnêteté, et même on se jettera dans ses précieuses connaissances avec plus de *furia* qu'on ne s'est abandonné au méthodisme.

La surface humaine de la terre sera comme transformée par elle dans son esprit, et l'homme lettré respirera dans une atmosphère de sagesse.

Toutes les actions humaines seront un jour calquées sur la physiologie sacrée, et les dévouements seront universels.

Les bannières seront uniformes, car les sectes disparaitront, et les charlatanismes seront anéantis.

L'esprit de l'homme, dévié dans le naturalisme et l'idolâtrie, sera honteux d'avoir perdu trente siècles aux méthodes arbitraires ;

De n'avoir pas compris, de n'avoir pas recherché plus tôt à reconstituer la science sur les mêmes bases des Nombres des anciens prêtres pharaonniens et juifs.

Les Nombres sacrés de la genèse ont été perdus dans les époques, soit ; il fallait les rechercher dans la nature et reconstruire la science de la genèse légale.

Mais personne n'y a pensé, personne n'a conçu ce fait, et les idées que nous émettons comblent de surprise nos lecteurs et font naître l'étonnement chez tous les savants qui se remuent dans la spécialité des faits.

Nous avons eu le bonheur de découvrir ces Nombres légaux de la genèse.

Nous demandons qu'on nous aide et que l'on respecte surtout des travaux pleins de dévouement.

Patrie de l'idée, ô France, que l'esprit de tes fils, que nous excitons de notre véhémence, s'unisse au nôtre, pour tracer la plus vaste, la plus sublime, la plus grandiose des épopées, l'exposition de la genèse divine, ce récit de l'acte mémorable par excellence !

Les castes de l'antiquité, afin de régner exclusivement, ont constamment maintenu les populations dans l'esclavage de l'ignorance, pour leurs époptes, ces aspirants aux mystères, il y avait même des degrés d'initiation ; quant aux profanes qui, en dehors des castes et malgré tout, voulant connaître, se livraient à l'étude, on les déviait adroitement dans ce qu'on appelait alors la philosophie ; l'amour instinctif de la sagesse devenait le point de mire, devenait une science, l'esprit alors était rejeté dans le méthodisme, chaque savant avait sa philosophie, ce n'était pas une communion de pensées vers la loi divine, chacun avait sa loi de préférence.

Au milieu du tourbillon des philosophies qui, toutes, luttent contre des difficultés partielles, on voit apparaître dans l'éloignement des temps la grande idée de Moïse, la *Genèse*, Moïse seul possède la physiologie légale dans son principe. Tous les philosophes, après lui, nagent dans le matérialisme, par cela même que leur encyclopédie est restreinte : ils partent de l'atome, de la matière, de l'idée humaine.

.. Socrate par l'âme et Platon par Dieu, la matière et l'idée se sont rapprochées de Moïse ; mais ils n'ont rien fondé, ils n'ont affirmé que certains faits. Moïse, la grande physionomie de Moïse est restée seule à travers les siècles, quoique sa large idée de la genèse fût dénaturée par le fanatisme ou l'incurie.

Oui, c'est dans la *Genèse* de Moïse, décalquée des zodiaques du plafond du temple de Dendérah, que l'idée religieuse prend naissance.

Nous avons semé tant de monuments dans cet écrit qu'il restera pour la science comme une époque.

Le plus grand fait de notre livre est la démonstration de l'existence de l'âme spirituelle chez l'homme et chez les espèces dans une proportionnalité respective.

Le problème de la sensibilité et de la douleur ne peut se résoudre par les réactions des forces, la sensibilité et la douleur sont définitivemsnt des actes de l'âme spirituelle, de l'âme légalisée dans les Nombres des accords sacrés.

.. C'est la substance-principe spirituelle attribuée aux

équations doubles organiques, qui fait la chair vivante dans l'équation des forces actives et passives.

Voilà le sceau du spiritualisme découvert : l'âme spirituelle existe chez l'homme à l'état de détermination organique, elle s'y montre par la raison.

Détruisez l'équation des forces, l'âme spirituelle se dégage en équation simple dans la mort.

Divine loi, nous avons salué ton origine en te cherchant !

Maintenant, Physiologistes, pensez et agissez dans l'idée divine !...

FIN.

TABLE DES CHAPITRES.

		PAGES
1°	Aux physiologistes de l'idée	7
2°	Qu'est-ce que la vie?	13
3°	La genèse matérielle et les tissus	25
4°	L'ovaire	37
5°	Il y a 15 espèces de tissus ou 30 tissus simples	48
6°	Partie chimique relative aux 15 espèces de tissus	57
7°	Partie anatomo-physiologique relative aux 15 espèces de tissus	66
8°	Les tissus et le métisme	72
9°	Les poids et les Nombres arbitraires de l'homme en présence des Nombres sacrés de la Genèse	76
10°	Les caractères sacrés ou les hiéroglyphes des espèces	85
11°	Le serpent ou diamètre vital	95
12°	L'acte de la douleur dans ses rapports avec les tissus	103
13°	Réflexions	113

PARIS. — IMPRIMERIE CENTRALE DE NAPOLÉON CHAIX ET Cᵉ, RUE BERGÈRE, 20. — 1858.

180